休闲食品
生产技术

XIUXIAN SHIPIN SHENGCHAN JISHU

秦仁炳
王　会　　主编
邸佳妮

化学工业出版社

·北京·

内 容 简 介

本书阐述了休闲食品香气与滋味调制原理、方法及所用到的调味料和香辛料，介绍了膨化休闲食品、糖制休闲食品、瓜子花生休闲食品、肉类休闲食品、果蔬豆类休闲食品、水产休闲食品的原料配方、工艺流程、操作要点，个别品种还附有注意事项。书中既包括生产加工过程中必不可少的相关理论知识，又注重生产过程的技术细节，实用性较强。

本书可作为休闲食品生产企业技术研发人员和管理人员的参考用书，也可供食品科学与工程相关专业师生参考。

图书在版编目（CIP）数据

休闲食品生产技术 / 秦仁炳，王会，邸佳妮主编
. —北京：化学工业出版社，2023.11
　　ISBN 978-7-122-43973-4

　　Ⅰ.①休…　Ⅱ.①秦…　②王…　③邸…　Ⅲ.①小食品-食品加工　Ⅳ.①TS205

中国国家版本馆 CIP 数据核字（2023）第 152793 号

责任编辑：彭爱铭　　　　　　　　　　文字编辑：张熙然　　陈小滔
责任校对：张茜越　　　　　　　　　　装帧设计：史利平

出版发行：化学工业出版社（北京市东城区青年湖南街 13 号　邮政编码 100011）
印　　装：大厂聚鑫印刷有限责任公司
710mm×1000mm　1/16　印张 15¼　字数 259 千字　2023 年 11 月北京第 1 版第 1 次印刷

购书咨询：010-64518888　　　　　　售后服务：010-64518899
网　　址：http://www.cip.com.cn
凡购买本书，如有缺损质量问题，本社销售中心负责调换。

定　　价：69.00 元

前　言

　　休闲食品是一种享受型的食品,是增添口福的零食,是人们在闲暇、休息时所吃的食品,其特点是风味鲜美,热值低,无饱腹感,清淡爽口,保质期长。走进超市,就会看到薯片、薯条、虾条、雪饼、果脯、话梅、花生、松子、杏仁、开心果、鱼片、肉干、五香炸肉等休闲食品。休闲食品使人们在休闲时能够获得更为舒适的感觉,因而也就成为人类社会在满足基本营养要求以后自发的选择结果,是顺应人类社会由温饱型逐渐朝着享受型转型的时尚食品。

　　在当今的休闲食品市场上,决定产品价格的主要因素是产品的香气和滋味。仅有高档次的原料,不一定能调配出高档次的产品。要想得到理想的味觉效果,必须在先进的调味理论指导下,选择适宜的原料,采用合理的配比,进行"五味调和",本书对休闲食品调味技术进行了适当阐述。

　　在编写过程中我们结合了科研实践,将传统工艺与现代加工技术相结合。本书内容全面具体,条理清楚,通俗易懂,是一本可操作性强的休闲食品综合生产科技书,可供从事休闲食品开发的科研技术人员、企业管理人员和生产人员学习参考,也可作为大中专院校食品科学、农产品贮藏与加工、食品质量与安全等相关专业的实践教学参考用书。

　　本书由河南科技学院秦仁炳和锦州医科大学王会、邸佳妮担任主编。秦仁炳主要负责第一～三章的编写工作,王会主要负责第四章和第五章的编写工作,邸佳妮主要负责第六章和第七章的编写工作。

　　本书在编写过程中参考了一些文献,在此对相关作者表示感谢。

　　由于作者水平有限,不当之处在所难免,希望读者批评指正。

编　者

2023 年 3 月

目 录

第一章

**休闲食品
香味调制**
001

第一节　香味调制理论 /001
一、调香原理及方法 /001
二、调味原理及方法 /003
第二节　调味料 /008
一、咸味剂 /008
二、鲜味剂 /009
三、甜味剂 /010
四、酸味剂 /011
五、调味油 /013
第三节　香辛料 /015
一、天然香辛料 /015
二、混合香辛料 /018
三、提取香辛料 /019
四、调味肉类香精 /019

第二章

膨化休闲食品
022

第一节　大米膨化食品 /022
一、锅巴 /022
二、茶香大米锅巴 /023
三、大米脆片 /025
四、米豆休闲膨化食品 /025
五、海鲜膨化米果 /027
六、全膨化天然虾味脆条 /027
七、营养米圈 /028

八、膨化米虾球 /029

九、巧克力膨化果 /030

十、膨化夹心米酥 /031

十一、谷粒素 /032

十二、咪巴 /033

第二节 玉米膨化食品 /034

一、玉米花 /034

二、玉金酥 /035

三、玉米香酥豆 /036

四、玉米膨化果 /036

五、炸鲜玉米球 /037

六、玉米脆片 /038

七、甜玉米脆片 /039

八、油炸玉米片 /040

九、黑芝麻玉米片 /041

十、高纤维膨化玉米粉 /042

十一、玉米膨化糕 /043

十二、蛋黄玉米酥饼 /043

十三、金丝绣球 /045

第三节 薯类膨化食品 /045

一、膨化马铃薯 /045

二、复合马铃薯膨化条 /046

三、马铃薯三维立体膨化食品 /048

四、油炸膨化马铃薯丸 /049

五、马铃薯菠萝豆 /050

六、膨化甜脆甘薯片 /050

七、油炸膨化小食品 /051

八、微波膨化营养马铃薯片 /052

九、油炸膨化甘薯片 /053

十、甘薯虾片 /054

十一、香酥薯片 /055

第三章

糖制休闲食品

第一节 糖衣食品 /057

一、甘薯酥糖 /058

057

二、糖蘸豆 /059

三、黄豆酥糖 /059

四、饴糖浆豆酥糖 /061

五、砂糖浆豆酥糖 /062

六、油酥米花糖 /063

七、桂花米花糖 /063

八、乐山芝麻油米花糖 /064

九、五仁米花糖 /065

第二节　麻糖食品 /066

一、广西芝麻糖 /066

二、蜂蜜麻糖 /067

三、滨州芝麻酥糖 /068

四、孝感麻糖 /068

五、糯米芝麻糖 /069

六、交切芝麻糖 /070

七、片式芝麻糖 /071

八、麻酥糖（苏式）/071

九、玉米麻秆糖 /072

第三节　软糖食品 /073

一、高粱饴糖 /073

二、芝麻桃片糖 /074

三、芝麻花生片糖 /075

四、松子麻片糖 /075

五、牛皮糖 /076

六、酒香膨化糖 /077

七、碎果仁软糖 /078

八、桂花皮软糖 /078

第四章

瓜子花生休闲食品

080

第一节　瓜子休闲食品 /080

一、甘草西瓜子 /080

二、五香西瓜子 /081

三、五香葵花籽 /082

四、五香奶油瓜子 /083

五、十香黑瓜子 /084

六、多味葵花籽 /085

七、多味南瓜子 /085

八、奇香西瓜子 /086

九、美味焦糖葵花籽 /087

十、风味白瓜子仁 /087

十一、风味黑瓜子 /088

十二、调味葵花仁 /089

十三、牛肉汁西瓜子 /090

十四、话梅西瓜子 /090

十五、酱油西瓜子 /091

十六、烤香葵花籽 /092

十七、保健西瓜子 /092

十八、玫瑰黑瓜子 /093

十九、盐霜南瓜子 /094

二十、盐霜葵花籽 /094

二十一、椒盐南瓜子 /095

二十二、奶油葵花籽 /095

二十三、奶油西瓜子 /096

二十四、奶油黑瓜子 /097

二十五、奶茶香南瓜子 /098

第二节 花生休闲食品 /099

一、五香花生米 /099

二、怪味花生米 /099

三、琥珀花生仁 /100

四、鱼皮花生仁 /101

五、椒盐花生米 /103

六、椒盐玫瑰花生 /104

七、香脆花生米 /105

八、香酥多味花生 /105

第五章

肉类休闲食品
107

第一节　肉干食品 /107

　　一、五香肉干 /107

　　二、天津五香猪肉干 /108

　　三、脆嫩五香猪肉干 /109

　　四、鞍山枫叶肉干 /110

　　五、麻辣猪肉干 /110

　　六、成都麻辣猪肉干 /111

　　七、上海猪肉干 /112

　　八、武汉猪肉干 /113

　　九、垫江肉干 /114

　　十、咖喱猪肉干 /114

　　十一、山东牛肉干 /115

　　十二、灯影牛肉干 /116

第二节　肉松食品 /118

　　一、传统牛肉松 /118

　　二、平都牛肉松 /120

　　三、哈尔滨牛肉松 /121

　　四、家制牛肉松 /122

　　五、太仓肉松 /122

　　六、福建肉松 /124

　　七、济南猪肉松 /124

　　八、上海猪肉松 /125

　　九、福州"鼎日有"肉松 /126

　　十、麻辣兔肉松 /127

第三节　肉脯食品 /128

　　一、五香牛肉脯 /128

　　二、明溪肉脯干 /129

　　三、靖江牛肉脯 /129

　　四、北京牛肉脯 /130

　　五、陕西五香腊牛肉 /130

　　六、茶味牛肉脯 /131

七、脆嫩牦牛肉脯 /132

八、休闲牛肉棒 /133

九、麻辣牛肉豆腐条 /134

十、方便牦牛肉条 /135

十一、巴渝灯影牛肉片 /137

十二、牛肉米片 /138

十三、牛肉糕 /139

十四、麻辣牛肉条 /140

十五、麻辣牛肉干 /141

十六、安庆五香牛肉脯 /142

十七、胡萝卜牛肉脯 /143

第四节　酱卤食品 /144

一、卤水鹅片 /144

二、香卤鹅膀 /145

三、酱鹅肉 /145

四、醉鹅掌 /146

五、香糟鹅掌 /147

六、麻辣乳鸽 /147

七、麻辣鸭脖 /149

八、无锡酱排骨 /150

九、酱肘子 /151

十、酱猪头肉 /152

十一、北京卤猪耳 /153

十二、卤猪肠 /154

十三、邵阳卤下水 /154

十四、道口烧鸡 /156

十五、符离集烧鸡 /158

十六、德州扒鸡 /159

十七、五香卤牛肉 /162

十八、广州卤牛肉 /163

十九、郑州卤炸牛肉 /163

二十、广州卤牛腰 /164

二十一、洛阳卤驴肉 /165

二十二、河南周口五香驴肉 /165

第六章
果蔬豆类休闲食品
167

第一节　果脯食品 /167

一、桃脯 /167

二、樱桃脯 /168

三、山楂脯 /169

四、苹果脯 /170

五、梨脯 /171

六、海棠脯 /172

七、沙果脯 /173

八、葡萄果脯 /174

九、柿脯 /175

十、猕猴桃脯 /176

十一、菠萝果脯 /177

十二、低糖金橘果脯 /178

十三、橙脯 /179

十四、西瓜脯 /180

第二节　蔬菜休闲食品 /181

一、糖蜜萝卜丝 /181

二、糖蜜菊芋 /182

三、子姜蜜饯 /183

四、蜜饯藕片 /184

五、莴笋蜜饯 /185

六、蜜番茄 /186

七、茄子蜜饯 /187

八、香菇蜜饯 /188

九、蜜饯平菇 /189

十、辣椒蜜饯 /190

十一、天冬蜜饯 /191

十二、蜜饯银耳 /192

十三、木耳蜜饯 /192

十四、冬瓜蜜饯 /193

十五、蜜饯南瓜 /194

十六、南瓜花蜜饯 /195

十七、苦瓜脯蜜饯 /195

十八、苦瓜蜜饯 /196

十九、麻辣金针菇 /197

二十、麻辣海带丝 /198

二十一、魔芋爽 /199

二十二、麻辣竹笋 /199

第三节　豆类休闲食品 /200

一、怪味蚕豆 /200

二、兰花豆 /202

三、酥蚕豆 /203

四、椒香蚕豆 /203

五、油炸蚕豆 /204

六、膨化蚕豆条 /205

七、五香蚕豆条 /205

八、油炸豌豆 /206

九、糖酥豌豆 /207

十、怪味豌豆 /207

十一、香酥豌豆 /208

十二、油爆桃仁豌豆 /209

十三、五香豆腐干 /209

十四、熏制豆腐干 /210

十五、酱豆腐干 /211

十六、鸡汁豆腐干 /212

十七、湘派豆干 /212

第七章

水产休闲食品
213

第一节　水产干制食品 /213

　　一、调味鱿鱼丝 /213

　　二、香甜鱿鱼干 /215

　　三、鳕柳丝 /216

　　四、多味小鲫鱼干 /218

　　五、鲅鳓鱼干 /219

　　六、麻辣白鲢鱼 /219

第二节　水产肉脯食品 /220

　　一、香辣鱼脯 /220

　　二、多味鱼肉脯 /222

　　三、橡皮鱼脯 /223

　　四、甜味鱼肉脯 /224

　　五、五香鱼脯 /226

　　六、马哈鱼脯 /227

第三节　水产肉松食品 /228

　　一、鲤鱼松 /228

　　二、草鱼松 /229

　　三、鲢鱼松 /230

　　四、牡蛎肉松 /230

参考文献 /232

第一章
休闲食品香味调制

第一节 香味调制理论

食品的香和味直接反映食品的类型和质量，是判断一种食品是否好吃和是否受消费者欢迎的决定因素之一。香美的气滋味能够给人带来美好享受、诱发食欲，间接增加人们对营养的消化与吸收，有利于机体健康，而异味则会降低人们的食欲。构成食品香味的化合物主要有酯类、醇类、萜类、酸类、酮类、酚类、醛类、杂环族等物质，可通过嗅觉和味觉器官来分辨。

一、调香原理及方法

1. 调香原理

不同食品所含有的呈香物质的成分和数量不同，其香味存在很大差异。根据香味特点可分为浓香、鲜香、芳香、酱香、酥香、辣香等几种类型。香味物质之间可通过协调、相加、分离以及抑制等作用，使香气更加浓郁、更加多样化。调香就是寻求各种呈味香料之间的和谐美，将多种芳香物质相互搭配在一起，使各呈香成分的挥发性不同而呈阶段性挥发，香气类型不断变换，有次序地刺激嗅觉神经，使其处于兴奋状态，避免产生嗅觉疲劳，使口味香气风味平衡，让人们长久地感受到香气美妙之所在。

调香的基本原理主要有以下六种。

（1）挥发增香 呈香物质都具有一定的挥发性，当空气中的挥发性香味物质达到一定浓度（阈值）就能引起人嗅觉器官反应。空气中呈香物质浓度越大，香气就越浓。香气强度除了与原料、调料本身所固有特性有关外，通过加热可以改变扩散性、蒸气压、吸附性，促进呈香物质的挥发，从而达到调节食品香气的目的。

（2）吸附增香　通过烹饪手法使调料挥发出香味物质，这些物质能够被油脂及原料表面所吸附使菜品增香。例如烟熏，就是将茶叶、竹枝、陈皮、桂皮等的香味，吸附到熏制原料的表面，使其带独特风味。炝锅，就是加热使调料香气挥发，并为油所吸附，以利菜肴调香。

（3）渗透交融　此法是通过长时间的烹制，调料中的呈香物质以油或水作为载体，从调料中溶出，逐渐扩散渗透到原料内部，使其具有很浓郁的香味。例如酱卤菜类，就是运用加热使香料中的呈香物质渗透到原料当中，使菜具有浓郁的香气。腌腊制品是利用盐的渗透作用，将葱、花椒、姜、酒的香味渗透到原料当中，形成特殊的腊香、腌香风味。

（4）中和协调　绝大多数食品含有多种香味成分，某种呈香物质气味必然会受到其他呈香物质的影响，当它们互相配合恰当时，便能发出和谐诱人的香气。另外，烹调时加入调料，能够中和、"消杀"原料中的异味成分，或者生成其他呈香物质，使食品获得特殊香味。

（5）加热生香　食品在蒸煮、烘焙及煎炸等加工过程中发生美拉德反应会产生某些特有的食品风味，加热过程中原料中的呈香物质也会发生热分解、氧化、重排或降解，生成大量新的香味物质。新形成香味物质既与食物的原料组分等内在因素有关，也与热处理的条件、方法等外在因素有关。

（6）掩盖异味　食品的香气是构成食品风味特征的关键，是必不可少的。某些产品本身具有或在生产过程中生成令人不愉快的气味，可使用浓香调料，如胡椒、香叶、豆蔻、花椒、葱、姜、蒜、辣椒、八角、桂皮、丁香、食醋、料酒、酱油等掩盖、压制菜肴或原料的异味。

2. 调香方法

（1）除腥调香法　指运用一定的调料和适当的手段，将原料中所夹带的异味、腥味、臊味掩盖去除，同时产生良好的香气。具体操作方式主要有三种：一是在食品制作中，利用调料（胡椒粉、葱姜水、食盐等）腌制异味原料，或加入葱、姜、蒜等香辣调料并加热，增加食品的香味，压制或中和原料的异味；二是添加料酒、食醋和辛辣味料等调料，利用这些调料在加热中的化学作用除去原料中大部分的腥、膻、臊味等异味，并能产生可口的香味；三是加入具有浓香气味的调料（主要为香菜、香葱、蒜泥、花椒面、小磨芝麻油等），以掩盖原料的轻微异味。

（2）增香调香法　为了使食品更具独特的风味特色而运用各种香味调料使原料增香的方法。调香方法应根据食材、调料的特点进行合理搭配。

① 添加调香料调香　添加具有一定特色香味的调味料，如八角、肉桂、丁香、百里香等芳香料，辣椒、姜、胡椒、葱、蒜等辛辣料，甘草、葛缕子等甘香味料增加和改善菜品香气的调香方法。

② 加热调香法　通过加热使调料中的香气物质挥发出来，并与原料中固有的香气物质相作用，形成浓郁香气来增加和改善菜品香气的调香方法。

加热调香法有几种具体操作形式。

a. 炝锅助香　加热使调料香气挥发，并为油所吸附，以利菜肴调香。

b. 加热入香　在煮制、炸制、烤制、蒸制时，通过热力使香气向原料内层渗透。

c. 热力促香　在菜肴起锅前或起锅后，趁热淋浇或粘撒呈香调料，或者菜肴倒入烧红的铁板（一种盛器）内，借助热力来产生浓香。

d. 酯化增香　在较高温度下，促进醇和酸的酯化作用，以增加菜肴的香气。

二、调味原理及方法

1. 调味原理

复合调味的原理，就是以咸味料和鲜味料为中心，以风味原料为基本原料，以甜味料、香辛料、调味料、填充料等为辅料，配以适当的调香、调色制成。调味是将各种呈味物质在一定条件下进行组合，产生新味。也就是把各种调味原料依照其不同的性能和作用进行配比，通过加工工艺复合到一起，达到所要求的口味。复合调味品味感的构成，包括口感、观感和嗅感，是调味品各要素化学、物理反应的结果，是人们生理和心理的综合反应。

由于各种原料调味性能不同，因而各类原料在调味中的作用也不同。

复合调味品的配制以咸味料为配制中心，以鲜味剂和天然风味提取物为基本原料，以香辛料、酸味剂、甜味剂和填充料为辅料，经过适当的调色调香而制成。

味感成分的相互作用关系，是复合调味的理论基础；各种味感成分相互作用的结果，是复合调味品口味的决定因素。

(1) 单一味与复合味 单一味可数，复合味无穷。由两种或两种以上不同味觉的呈味物质通过一定的调和方法混合后所呈现出的味，称之为复合味。各种菜肴所呈现出来的味绝大多数都属于复合味。各种单一味道的物质在烹调过程中因不同的比例、不同的加入次序、不同的烹调方法，能够产生众多的复合味。不同的单一味相互混合在一起，这些味与味之间就可以相互发生影响，其中每一种味的强度都会在一定程度上发生相应的改变。例如，在咸味中加入微量的食醋，就可以起到使咸味增强的作用；又如在酸味中加入具有甜味的食糖，则可以产生酸味强度变弱、酸味柔和的效果。各具特色的复合味，味中有味，此起彼伏，回味无穷。复合味是多种味的统一，达到了美味的整体效果。

若把只用味精与食盐和水调成的鲜汤与一碗醇厚的鸡汤相比，其鲜美味毫无疑问是鸡汤要大大强于用味精做成的鲜汤。品尝后也明显地感觉到：用味精做成的汤其鲜味单一、欠柔和，没有那种舒适的、愉悦的回味感觉；鸡汤给人的鲜味感觉则有着明显不同，它的鲜味显得十分醇厚，入口后其鲜味所产生的后味绵长，在味觉上具有使人高度满足的感觉。这是因为在味精中能够呈现鲜味的主要成分是谷氨酸钠，它只是目前发现并已知的多种呈鲜成分中的一种，成分单一。从味觉生理的角度来说，人的味觉十分复杂、多层次和丰富，味道单一的鲜味是无法使人的味感达到尽善尽美之程度的。我们再来看看鲜味物质（如肌苷酸钠、呈鲜味的氨基酸和短肽等），这些鲜味物质之间又可以发生一种鲜味的相乘作用（指把两种或两种以上的鲜味物质混合在一起时，出现鲜味增强的现象）。这些众多呈鲜成分的存在和相互作用、相互配合，使得鸡汤的鲜美味变得格外醇厚浓郁。此外，需特别注意的是在鸡汤中还含有一些用味精做成的鲜汤中所没有的动物性脂类、无机盐和其他一些辅助呈鲜成分，这些呈鲜辅助成分有的虽然含量甚微，但在呈现鸡汤的鲜味感上却起到了很好的味感辅助作用和诱导作用。因此，品尝鸡汤后人所产生的鲜味感觉是成分单一的味精根本无法相比的。

若把鸡汤用于菜肴的调味增鲜，其增鲜效果也无疑要大大强于味精的增鲜效果。同理，对于用猪骨、猪肘、鸡架、鸭架等原料制成的各种鲜汤，由于这些原料中多种呈鲜成分的存在以及它们之间所产生的鲜味相乘作用，再加上所含有的一些动物性脂类、无机盐和其他呈鲜辅助成分对鲜味感的综合作用，与鸡汤一样，同样可以产生令人满意的鲜味感，获得比较美妙的味感。

（2）复合型调味料的形成　复合调味品有着相当广泛的大众饮食的基础。简单来说，我们在家庭烹调时手工调制的调味汁就是一种复合调味品，饭店的厨师们一般都可以调制出档次较高的调味汁来。烹饪行业中常说的"五味调和百味香"，讲的就是这个道理。我国菜肴的品种琳琅满目，口味丰富多样，在不同的地域有着不同的差异，并且变化范围很广。南方地区在调味风格上讲究清淡不腻，以突出原料的鲜活之本味，且注重在加热中调味，加热后一般不再调味；而在北方地区，因缺少鲜活水产，在火锅上使用的多为冷冻品、干货等，因而重在涮后的调味，以改进原料鲜味之不足。针对不同的菜系、不同的风味、不同的烹调工艺、不同的顾客需要，当今的复合型调料的分类更趋细致，如酱类有捞面酱、海鲜酱、叉烧酱、担担面酱、甜面酱等十余种；酱油则分别有供凉拌、蘸海鲜、烧菜等不同用途的专门品种，并推出针对广东人的海鲜酱油，针对四川人的麻辣酱油等新品种，令烹调更简易，一改众口难调的旧格局。添加大蒜、姜粉、胡椒等的各种复合型食盐以及加碘、加锌、加钙的营养型食盐涌现出来，一改食盐市场单调平淡的局面。

烹调中常见的复合味有酸甜味、甜咸味、麻辣味、酸辣味、香辣味、咸辣味、糟香味、鲜香味、怪味等。这些复合味的产生，有些是在调味制品厂预先加工好的，如甜面酱、山楂酱、辣油、沙司、虾籽酱油等；部分调味汁是厨师在烹调菜肴前已经预先调配好了的，如香糟汁、花椒油、芥末汁、糖醋汁等。绝大多数菜肴所产生的复合味主要是在烹调过程中产生。厨师在菜肴原料下锅后，选择适当的时机和火候，按照菜肴口味的需要依次加入。有时为了烹调方便或是烹调成批量同一品种的菜肴时加入，达到快捷、省时的目的。

现代意义的复合型调味品是指在科学的调味理论指导下，将各种基础调味品按照一定比例进行调配制作，从而得到的满足不同调味需要的调味品。其使用的原料种类很多，常用的原料主要有咸味剂、鲜味剂、增鲜剂、甜味剂、酵母抽提物、水解动植物蛋白、香精与香辛料、着色剂、辅助剂等。复合型调味品中的呈味成分多、口感复杂，各种呈味成分的性能特点及其之间的配合比例，决定了复合调味品的调味效果。按照复合配方混合在一起的原料，呈现出来的是一种独特的风味，所以，复合调味品也是一类针对性很强的专用型调味料。

那么具有不同味道的复合型调味品是根据什么原则制成的呢？首先要搞清各种菜肴味道的成分，然后对搜集来的各种所需调味原料进行加工、配比、组合，最终确定一种综合效果最佳的配方。如鸡香型调味品，要仿制出鸡肉的鲜美味道，就要先搞清鸡肉的呈味成分。经分析，鸡肉的风味是由胱氨酸、亮氨酸、丝氨酸、阿拉伯糖、肌苷酸、鸟苷酸、葡萄糖等多种成分组成的。经过人工制取上述各种成分，然后加以配制处理，即可得到粉末状或颗粒状具有鸡肉香的调味料。在此基础上还可以形成烤鸡风味或烧鸡风味等不同风味的复合型调味料。

（3）各种味的相互作用关系

① 味的相乘作用　同时使用同一类的两种以上呈味物质，比单独使用一种呈味物质的味大大增强。味的相乘作用应用于复合调味品中，可以减少调味基料的使用量，降低生产成本，并取得良好的调味效果。

② 味的对比作用　一种呈味成分具有较强的味道，如果在加入少量的另一种味道的呈味成分后，使原来的味道变得更强，这就是味的对比作用。甜味与咸味、鲜味与咸味等，均有很强的对比作用。

③ 味的相抵作用　味的相抵作用是加入一种呈味成分，能减轻原来呈味成分的味觉。如苦味与甜味、酸味与甜味、咸味与鲜味、咸味与酸味等，具有明显的相抵作用，可以将具有相抵作用的呈味成分作为遮蔽剂，掩盖原有的味道。在1%～2%的食盐溶液中，添加7～10倍的蔗糖，咸味大致被抵消。

（4）复合调味品配兑　选择合适的不同风味的原料和确定最佳用量，是决定复合调味品风味好坏的关键。在设计配方时，首先要进行资料收集，包括各种配方和各种原料的性质、价格、来源等情况。然后根据所设定的产品概念，运用调味理论知识的资料收集成果，进行复合调配。具体的配兑工作大致包括以下几个方面：

① 掌握原料的性质与产品风味的关系，加工方法对原料成分和风味的影响。

② 考虑各种味道之间的关系，如相乘、对比、相抵等。

③ 在设计配方时，应考虑既有独特风味，又要讲究复合味，色、香、味要协调，原料成本符合要求。

④ 确定原料的比例时，宜先决定食盐的量，再决定鲜味剂的量。其他成分的配比，则依据资料和个人的经验。

⑤ 有时产品风味不能立即体现出来，应间隔 10～15 日再次品尝，若感觉风味已成熟，则确定为产品的最终风味。

⑥ 反复进行产品的试制和品尝、保存性试验，直至出现满意的调味效果，定型后方可批量生产。

2. 调味方法

烹调食物按原料上味方式的不同，分腌渍调味、分散调味、热渗调味、裹浇调味、粘撒调味、跟碟调味等几种调味方法。

（1）腌渍调味　将调料与菜肴主配料拌和均匀，或将菜肴主配料浸泡在溶有调料的水中，经过一定时间使其入味的调味方法。

（2）分散调味　将调料溶解并分散于汤汁中的调味方法，主要用于水烹菜肴。

（3）热渗调味　在热力作用下，使调料中的呈味物质渗入原料内部的调味方法。此法常与分散调味法和腌渍调味法配合使用。热渗调味需要一定的加热时间做保证，加热时间越长，原料入味越充分。

（4）裹浇调味　将液体状态的调料黏附于原料表面，使其带味的调味方法。

（5）粘撒调味　将固体调料黏附于原料表面，使其带味的调味方法。通常是将热成熟的原料置于颗粒或粉状调料中，使其粘裹均匀，也可以将颗粒或粉状调料投入锅中，经翻动将原料裹匀，还可以将原料装盘后再撒上颗粒或粉状调料。

（6）跟碟调味　将调料盛入小碟或小碗中，随菜一起上席，由用餐者蘸食的调味方法。此法多用于烤、炸、蒸、涮等技法制成的菜肴。跟碟上席可以一菜多味，由用餐者根据喜好自选蘸食。

调味不仅补充了菜肴的味道，还能使菜肴口味富于变化，形成各具特色的风味。有些菜肴在加热前和加热中都无法进行调味，只能靠加热后来调味，如涮菜和某些凉菜，这时辅助调味就上升为主导地位。

第二节 调味料

一、咸味剂

咸味是许多食品的基本味。咸味调味料是以氯化钠为主要呈味物质的一类调味料的统称，又称咸味调味品。

1. 食盐

食盐素有"百味之王"的美称，其主要成分是氯化钠。纯净的食盐，色泽洁白，呈透明或半透明状；晶粒一致，表面光滑而坚硬，晶粒间缝隙较少（按加工工艺分为原盐、复制盐两种，复制盐应洁白干燥，呈细粉末状）；具有正常的咸味，无苦味、涩味，无异嗅。

食盐具有调味、防腐保鲜、提高保水性和黏着性等重要作用。但高钠盐食品会导致高血压、冠心病、脑梗死等心脑血管等疾病，新型食盐替代物有待深入研究与开发。

2. 酱油

酱油是我国传统的调味料，优质酱油咸味醇厚，香味浓郁。具有正常酿造酱油的色泽、气味和滋味，无不良气味。不得有酸、苦、涩等异味和霉味，不得浑浊，无沉淀，无异物，无霉花浮膜。酱油是富有营养价值，具有独特风味和色泽的调味品。含有十几种复杂的化合物，其成分为盐、多种氨基酸、有机酸、醇类、酯类、自然生成的色泽及水分等。

肉制品加工中选用的酿造酱油浓度不应低于 $22°Bé$（波美度°Bé 是表示溶液浓度的一种方法。把波美比重计浸入所测溶液中，得到的度数就叫波美度），食盐含量不超过 18%。

酱油的作用如下。

（1）赋味　酱油中所含食盐能起调味与防腐作用；所含的多种氨基酸（主要是谷氨酸）能增加肉制品的鲜味。

（2）增色　添加酱油的肉制品多具有诱人的酱红色，是由酱色的着色作用和糖类与氨基酸的美拉德反应产生。

（3）增香 酱油所含的多种酯类、醇类具有特殊的酱香气味。

（4）除腥腻 酱油中少量的乙醇和乙酸等具有解除腥腻的作用。另外，在香肠等制品中酱油还有促进成熟发酵的良好作用。

3. 豆豉

豆豉是我国传统发酵豆制品，是以黄豆或黑豆为原料，利用毛霉、曲霉或细菌蛋白酶分解豆类蛋白质，通过加盐、干燥等方法发酵制成的具有特殊风味的酿造品。古代称豆豉为"幽菽"，也叫"嗜"，又称香豉。豆豉是四川、湖南等地区常用的调味料。

豆豉作为调味品，在肉制品加工中主要起提鲜味、增香味的作用。豆豉除调味和食用外，还具有和胃、除烦、祛寒等医疗功用。

二、鲜味剂

鲜味料是指能提高食品鲜美味的各种调料，主要包括味精、I+G（I+G，是两种调味剂结合取开头英文字母的简称，即 $5'$-肌苷酸钠——IMP 和 $5'$-鸟苷酸钠——GMP 各 50% 结合）、HVP（水解植物蛋白液）等。鲜味物质广泛存在于各种动植物原料之中，其呈鲜味的主要成分是各种氨基酸、酰胺、有机酸盐、弱酸等的混合物。

（1）味精 味精学名谷氨酸钠。味精为无色至白色柱状结晶或结晶性粉末，具特有的鲜味。味精易溶于水，无吸湿性，对光稳定，其水溶液升温时也相当稳定，但谷氨酸钠高温易分解，酸性条件下鲜味降低，是食品烹调和肉制品加工中常用的鲜味剂。除单独使用外，宜与肌苷酸钠和核糖核苷酸等核酸类鲜味剂配成复合调味料，以提高效果。

（2）肌苷酸钠 肌苷酸钠又叫 $5'$-肌苷酸钠、肌苷磷酸钠。肌苷酸钠是白色或无色的结晶性粉末，性质比谷氨酸钠稳定，与 L-谷氨酸钠合用对鲜味有相乘效应。肌苷酸钠鲜味是味精的 $10\sim20$ 倍，一起使用，效果更佳。使用时，由于遇酶容易分解，所以添加酶活力强的物质时，应充分考虑之后再使用。

（3）鸟苷酸钠、胞苷酸钠和尿苷酸钠 这三种物质与肌苷酸钠一样是核酸关联物质，它们都是将酵母的核糖核酸进行酶解后制成的白色或无色的结晶或结晶性粉末。其中鸟苷酸钠是蘑菇香味的，它的香味很强。

（4）鱼露　鱼露又称鱼酱油，它是以海产小鱼为原料，用盐或盐水腌渍，经长期自然发酵，取其汁液滤清后而制成的一种咸鲜味调料。鱼露颜色为橙黄或棕色，透明澄清，有香味、带有鱼腥味、无异味为上乘质量。由于鱼露是以鱼类作为生产原料，所以营养十分丰富，蛋白质含量高，其呈味成分主要是呈鲜物质肌苷酸钠、鸟苷酸钠、谷氨酸钠、琥珀酸钠等；咸味是以食盐为主。

（5）蚝油　是用蚝（牡蛎）与盐水熬成的调味料。它可以用来提鲜，也可以凉拌、炒菜，我国及菲律宾等国家常用。蚝油不是油质，而是在加工蚝豉时煮蚝豉剩下的汤，此汤经过滤浓缩后即为蚝油。它是一种营养丰富、味道鲜美的调味佐料。

（6）虾油　是用鲜虾为原料，经发酵提取的汁液。

虾油是利用虾自身含有的多种酶在一定温度下水解体内蛋白质、糖类、脂肪后，生成的一种以氨基酸、虾香素为主体的复合型水溶性虾酱抽提物。虾体酶很多，主要有能水解肽键的胰蛋白酶、糜蛋白酶、羧肽酶和酪蛋白酶；能水解多糖类的淀粉酶、几丁质酶；能将甘油三酯水解为甘油和脂肪酸的脂肪酶。虾油是我国沿海各地食用的一种味美价廉的调味品，是我国传统海产调味品之一。

（7）蟹油　其制作是先把蟹黄、蟹肉剔出，然后在锅里放入与蟹肉、蟹黄等量的植物油（或熟猪脂），把姜块、葱放入油中炸香后拣出，接着将蟹肉、蟹黄、精盐和少许黄酒放入油中，拌和均匀，用旺火熬制。随着锅内蟹肉中的水分排出，锅中出现水花且泡沫泛起，此时可改用中火熬制，待油面平静时，再移入旺火。如此反复几次，使蟹肉、蟹黄中的水分在高温下基本排出，当油面最后趋于平静后，蟹油就算制成。冷却后，贮于瓶罐中，藏于冰箱里，可保存较长时间。制作蟹油时要注意：蟹肉、蟹黄中的水分一定要熬干，这是关键。否则不但影响蟹油的风味，而且容易变质，难以保存。

（8）蛏油　蛏油是生产蛏干的一种副产品。也叫蛏酱、蛏露、蛏汤，是加工蛏干的煮汁经浓缩提炼的调味品。成品率为 $4\%\sim5\%$。

三、甜味剂

甜味料是以葡萄糖、蔗糖等糖类为呈味物质的一类调味料的统称，又称甜味调味品。食品加工中应用的甜味料主要是麦芽糖、蔗糖、蜂蜜、饴糖、果糖、甜蜜素、乳糖、木糖醇、葡萄糖以及淀粉水解糖浆等。

（1）蔗糖 蔗糖是常用的天然甜味剂，其甜度仅次于果糖。果糖、蔗糖、葡萄糖的甜度比为 4∶3∶2。

（2）饴糖 饴糖主要是麦芽糖（50%）、葡萄糖（20%）和糊精（30%）混合而成。饴糖味甜柔爽口，有吸湿性和黏性。饴糖以颜色鲜明、汁稠味浓、洁净不酸为上品。宜用缸盛装，注意存放在阴凉处，防止酸化。

（3）蜂蜜 蜂蜜是花蜜中的蔗糖在甲酸的作用下转化为葡萄糖和果糖，葡萄糖和果糖之比基本近似于 1∶1。蜂蜜是一种淡黄色或红黄色的黏性半透明糖浆，温度较低时有部分结晶而显混浊，黏稠度也加大。蜂蜜可以溶于水中，略带酸性。

（4）葡萄糖 葡萄糖甜度为蔗糖的 65%～75%，其甜味有凉爽之感，适合食用。葡萄糖加热后逐渐变为褐色，温度在 170℃ 以上，则生成焦糖。

四、酸味剂

酸味剂有柠檬酸、醋酸、乳酸等。醋酸、柠檬酸、苹果酸、酒石酸等用作烹调和食品加工的有机酸，味感各不相同。柠檬酸、苹果酸、酒石酸分别是柑橘类、苹果和葡萄的特征酸，但酸感差异很大；醋酸是挥发性酸，刺激性强，有特征风味；琥珀酸有鲜味和辣味，是特殊的酸。

（1）食醋 食醋是以谷类及麸皮等经过发酵酿造而成，含醋酸 3.5%以上，是食品常用的酸味料之一。醋可以促进食欲，帮助消化，亦有一定的防腐去膻腥作用。

（2）白醋 在制作复合调味料时，由于酸度高，用较少的量也能有效地降低 pH。又由于白醋本身除酸味以外基本没有其他味道，不会对复合调味料的风味特征造成影响而受到许多厂家的欢迎。

（3）醋酸 醋酸是醋的主要成分，学名为乙酸。在烹饪中醋应用很普遍。醋酸分为工业和食用两种，食用醋酸可作酸味剂、增香剂，可生产合成食用醋。用水将醋酸稀释至 4%～5%浓度，添加各种调味剂而得食用醋，其风味与酿造醋相似，常用于番茄调味酱、蛋黄酱、泡菜、糖醋制品等。使用时适当稀释，可用于制作番茄、芦笋、沙丁鱼、鱿鱼等罐头，还用于婴儿食品、酸黄瓜、肉汤羹、冷饮、酸法干酪等。用于食品香料时，需稀释，可制作软饮料、冷饮、糖果、焙烤食品、布丁类、胶糖、调味品等。

（4）柠檬酸　柠檬酸又称枸橼酸，化学名称为 2-羟基丙烷-1,2,3-三羧酸。柑橘类果实的酸味来自柠檬酸。柠檬酸是在果蔬中分布最广的有机酸。特点是酸味圆润滋美、爽快可口，酸感来得快，后味时间短。由于是水果的成分之一，能赋予水果的风味，而广泛用于清凉饮料、水果罐头、糖果、果汁粉等的生产，是最常用的酸味剂。能使甜味剂、色素、香精相互协调，通常用量为 0.1%～1.0%；同时还有增溶、抗氧化、缓冲及螯合不良金属离子的作用；在肉制品中还可脱腥脱臭。使用时与柠檬酸钠共用味感更好。柠檬酸的用途非常广泛，用于食品工业的占生产量的 75% 以上，可作为食品的酸味剂、抗氧化剂、pH 调节剂。

（5）苹果酸　苹果酸几乎存在于所有的水果中，且含量很高。苹果酸为白色或荧白色粉末、粒状或结晶，不含结晶水。苹果酸具有酸度大（酸味比柠檬酸强 20%）、味道柔和（具有较高的缓冲指数）、滞留时间长等特点，具特殊香味，不损害口腔与牙齿，代谢上有利于氨基酸吸收，不积累脂肪。目前已广泛用于高档饮料、食品等行业，已成为继柠檬酸、乳酸之后用量排第三位的食品酸味剂。

（6）酒石酸　酒石酸是成熟葡萄中存在的主要有机酸，未成熟葡萄中果酸的含量高于酒石酸。酒石酸，又名 2,3-二羟基丁二酸，无色结晶或白色结晶粉末，无臭、有酸味，在空气中稳定。在食品行业用作食品酸味剂、矫味剂和啤酒发泡剂。酒石酸的酸味较强，为柠檬酸的 1.2～1.3 倍，稍有涩感，但酸味爽口。酒石酸单独使用较少，主要与柠檬酸、苹果酸复配使用。

（7）乳酸　乳酸是一种常见于乳制品中的有机酸，由乳酸菌将乳糖转化而来。乳酸为无色到浅黄色液体，无气味，具有吸湿性。食品和饮料中主要用作酸味剂和防腐剂等。乳酸存在于腌渍物、果酒、酱油和乳酸菌饮料中，具有特异收敛性酸味，因此应用范围受到一定的限制。乳酸有很强的防腐保鲜功效，可用在果酒、饮料、肉类食品、糕点制作、蔬菜腌制以及罐头加工、粮食加工、水果的贮藏中，具有调节 pH 值、抑菌、延长保质期、调味、保持食品色泽、提高产品质量等作用。乳酸独特的酸味可增加食物的美味，在沙拉酱、酱油、醋等调味品中加入一定量的乳酸，可保持产品中的微生物的稳定性、安全性，同时使口味更加温和。由于乳酸的酸味温和适中，还可作为精心调配的软饮料和果汁的首选酸味剂。

五、调味油

调味油是以天然食用香辛料和植物油为原料，经过特定的加工工艺制成的，是具有强臭感和味感的风味油脂，内含多种植物元素。其可使味道更加可口浓厚，感官上具有增加食欲的效果。市场上调味油的种类也比较丰富，如蒜味调味油、花椒调味油、辣椒调味油等。

调味油是集油脂与调味品于一身的一种食用油产品，具有营养丰富、风味独特、使用方便等特点。各具特色的调味油芳香浓郁，是拌、蒸、炒、烤的良好烹饪调味油。用它们制作的菜肴、食点，风味独特，芳香可口，并保持天然香辛料的特色。根据科学测定，风味成分以油脂为载体时更容易进入肉类加工制品的组织内部，从而使食品风味无论从食品的本身还是在人的味觉上都得到了加强。这非常适合用于各种禽畜肉食品的加工。

1. 蒜味调味油

大蒜中的含硫化合物在其体内生物学因素或在体外物理、化学因素作用下，又可转变成其他含硫化合物，这些化合物也是构成大蒜特有辛辣气味的主要风味物质。大蒜中的含硫化合物其基础结构是硫化丙烯，具有挥发性且具有特殊药效作用，其中具有强烈辛辣气味的——蒜素，是大蒜的主要有效成分。未加工的大蒜中蒜素含量少，但在破碎等物理作用后会激活存在于大蒜中的蒜氨酸酶，该酶能催化蒜氨酸分解形成蒜素。

2. 花椒调味油

花椒调味油是采用加热的方法将花椒果实中的芳香油和麻味素迅速溶于食用油中得到调味油。花椒调味油，保持了花椒原有的香、麻味，具有花椒本身的药理保健作用，食用方便、用途多样。

3. 复合调味油

复合调味油具有多种香辛料的风味和营养成分，集油脂和调味于一体，独到方便。风味原料选用数种香辛料，油脂采用纯正、无色、无味的大豆色拉油或菜籽色拉油，以油脂浸提的方法制成。复合调味油以其色香味俱全，纯度高，食用起来清洁、方便，易被人们所接受。

4. 姜调味油

生姜所含的姜醇、姜烯、莰烯、水茴香烯、龙脑、柠檬醛及油精（三油酸甘油酯）等都具有挥发性和芳香味，姜调味油正是将这些成分溶到油中制成调味油。首先挑选姜块，选取硕厚、多肉无皱皮的姜块作为原料，剔除干瘪、霉烂、冻伤的老姜，在鼠笼式清洗脱皮机中清洗脱皮。沥干水分后进行破碎，破碎时可加入油脂使破碎时不发生粘连与堵塞。将破碎成姜糊的原料，按 0.25 : 1 的质量比与色拉油混合，并搅拌加热到 100℃，将水分蒸发，然后继续加热到 180℃，保持 5min 后进入分离工序，分离后冷却至室温即可装瓶。

5. 胡椒调味油

用砂轮磨将胡椒磨成能通过 30 目筛网的细粉，然后按 1 : 3 的质量比加入色拉油，搅拌加热 1h，便可分离、冷却、装瓶。

6. 葱调味油

选取葱味较浓的葱作为原料，将老叶、黄叶去掉，然后洗净泥沙，送入破碎机中破碎成葱糊。按 0.4 : 1 的质量比加入色拉油搅拌加热至 100℃去掉水分后，加热到 130℃保持 40～60min，然后分离、冷却、装瓶。

7. 香味油

原料：色拉油、茴香、葱、蒜、花椒按 1 : 0.03 : 0.08 : 0.06 : 0.02 的质量比配料。先将色拉油加热至 125～160℃，然后放入茴香、葱、蒜等一并加热 60min 后，慢慢降温到 95～120℃，再加入花椒加热 15min，便可进行分离，分离后，冷却至室温便可装瓶。

第三节 香辛料

一、天然香辛料

香辛料是指具有辛辣和芳香风味成分的天然植物性调味料。多是某些植物的果实、花、皮、蕾、叶、茎、根或提取物，其作用是赋予产品特有的风味，抑制或矫正不良气味，增进食欲，促进消化。许多香辛料有抗菌防腐作用、抗氧化作用，同时还有特殊生理药理作用。常用的香辛料如下。

（1）八角 八角是木兰科乔木植物的果实，多数为八瓣，故称八角，北方称大料，南方称唛头。八角果实含精油 2.5%～5%，其中以茴香脑为主（80%～85%）。有独特浓烈的香气，性温微甜。八角是食品加工常用的香料，有增香和防腐的作用。

（2）茴香 茴香别名小茴香、香丝菜，为伞形科茴香属茴香的成熟果实，含精油 3%～4%，主要成分为茴香脑和茴香醇，占 50%～60%。茴香为多年生草本，全株表面有粉霜，具有强烈香气。果为卵状，长圆形，长 4～8mm，具有 5 棱，有特异香气，全国各地普遍栽培。秋季采摘成熟果实，除去杂质，晒干。

茴香在食品加工中是常用的香料，以粒大、饱满、色黄绿、鲜亮、无梗、无杂质为上品。

（3）花椒 花椒为芸香科植物花椒的果实。花椒果皮含辛辣挥发油及花椒油香烃等，主要成分为柠檬烯、香茅醇、萜烯、丁香酚等，辣味主要是山椒素。花椒不仅能赋予制品适宜的辛辣味，而且还有杀菌、抑菌等作用。

（4）豆蔻、肉豆蔻 豆蔻为姜科豆蔻属植物白豆蔻的干燥成熟果实。肉豆蔻由肉豆蔻科植物肉豆蔻种仁干燥而成，简称为肉蔻。肉蔻含精油 5%～15%。皮和仁有特殊浓烈芳香气，味辛略带甜、苦味。豆蔻不仅有增香去腥的调味功能，亦有一定抗氧化作用。

（5）桂皮 桂皮系樟科植物肉桂的树皮及茎部表皮经干燥而成。桂皮含精油 1%～2.5%，主要成分为桂醛，占 80%～95%，另有甲基丁香酚、桂醇等。桂皮用作肉类烹饪用调味料，亦是卤汁、五香粉的主要原料之一，能使制品具有良好的香辛味，而且还具有重要的药用价值。

（6）砂仁　砂仁是热带和亚热带姜科植物的果实或种子，是中医常用的一味芳香性药材。砂仁主要作用于人体的胃、肾和脾，能够行气调味，和胃醒脾。砂仁常与厚朴、枳实、陈皮等配合，治疗胸脘胀满、腹胀食少等病症。

（7）草果　草果又称草果仁、草果子。味辛辣，具特异香气，微苦。草果为姜科多年生草本植物的果实，含有 1,8-桉叶素、香叶醇等，味辛辣。可用整粒或粉末。在肉制品加工中具有增香、调味作用。

（8）丁香　丁香为桃金娘科植物丁香干燥花蕾及果实，丁香富含挥发香精油，具有特殊的浓烈香味，兼有桂皮香味。丁香是肉品加工中常用的香料，对提高制品风味具有显著的效果，但丁香对亚硝酸盐有分解作用，在使用时应加以注意。

（9）月桂叶　又名桂叶、香桂叶、香叶、天竺桂。月桂叶系樟科常绿乔木月桂树的叶子，含精油 1%～3%，主要成分为 1,8-桉叶素，占 40%～50%，此外，还有丁香酚等。有近似玉树油的清香香气，略有樟脑味，与食物共煮后香味浓郁。肉制品加工中常用作矫味剂、香料，用于原汁肉类罐头、卤汁、肉类、鱼类调味等。

（10）鼠尾草　鼠尾草又叫山艾，系唇形科多年生宿根草本鼠尾草的叶子，约含精油 2.5%，其特殊香味主要成分为侧柏酮，此外有龙脑、鼠尾草素等。主要用于肉类制品，亦可作色拉调味料。

（11）胡椒　胡椒是多年生藤本胡椒科植物的果实，有黑胡椒、白胡椒两种。胡椒的辛辣味成分主要是胡椒碱、胡椒脂碱。胡椒性辛温，味辣香，具有令人舒适的辛辣芳香，兼有除腥臭、防腐和抗氧化作用。

（12）葱　葱一般可分为大葱、小葱。常用作调味料，具有一定的辛辣味，鳞、茎圆柱形，肉质鳞叶白色，叶圆柱形中空，含少量黏液。全国各地均有栽培，洗净去根鲜用。

在食品中添加葱，有增加香味，促进食欲，开胃消食以及杀菌发汗的功能。广泛用于酱制、红烧类产品，特别是生产酱肉制品时，更是必不可少的调料。

（13）洋葱　洋葱又名葱头、玉葱、胡葱，为石蒜科 2 年生草本植物。

叶似大葱，浓绿色，管状长形，中空，叶鞘不断肥厚，即成鳞片，最后形成肥大的球状鳞茎。鳞茎呈圆球形、扁球形或其他形状即葱头。其味辛、辣、温，味强烈。洋葱皮色有红皮、黄皮和白皮之别。洋葱以鳞片肥厚、抱合紧密、没糖心、不抽芽、不变色、不冻者为佳。

（14）大蒜　大蒜为百合科多年生宿根草本植物大蒜的鳞茎，简称为蒜。因其有强烈的刺激气味和特殊的蒜辣味，以及较强的杀菌能力，故有压腥去膻、增加肉制品蒜香味及刺激胃液分泌、促进食欲和杀菌的功效。

（15）姜　姜属姜科多年生草本植物，主要利用地下膨大的根茎部。姜具有独特强烈的姜辣味和爽快风味。其辣味及芳香成分主要是姜油酮、姜烯酚、姜辣素、柠檬醛及姜醇等。具有去腥调味、促进食欲、开胃驱寒和减腻与解毒的功效。

（16）陈皮　陈皮为柑橘在 $10 \sim 11$ 月份成熟时采收剥下果皮晒干所得。中国栽培的柑橘品种甚多，其果皮均可作调味香料用。

（17）孜然　孜然又名藏茴香、安息茴香。伞形科，一年生或多年生草本，果实有黄绿色与暗褐色之分，前者色泽新鲜，籽粒饱满，具有独特的薄荷、水果香味，还带有适口的苦味，咀嚼时有收敛作用。果实干燥后加工成粉末可用于肉制品的解腥。

（18）百里香　百里香别名麝香草，俗称山胡椒。干草为绿褐色，有独特的叶臭和麻舌样口味，带甜味，芳香强烈。夏季枝叶茂盛时采收，洗净，剪去根部，切段，晒干。将茎直接干制或再加工成粉状，用水蒸气蒸馏可得 $1\% \sim 2\%$ 精炼油。全草含挥发油 0.15%。挥发油中主要成分为香芹酚，有压腥去膻的作用。

（19）甘草　甘草别名甜草根、红甘草、粉甘草。为豆科甘草属植物甘草的根状茎及根。根状茎粗壮味甜，圆柱形，外皮红棕色或暗棕色。秋季采摘，除去残茎，按粗细分别晒干，以外皮紫褐紧密细致、质坚实而重者为上品。甘草中含 $6\% \sim 14\%$ 甘草甜素（即甘草酸）及少量甘草苷，被视为矫味剂。

（20）姜黄　姜黄别名黄姜、毛姜黄、黄丝郁金，为姜科姜黄属植物姜黄的根状茎。姜黄为多年生草本，高 1m 左右，根状茎粗短，圆柱形，分枝块状，丛聚呈指状或蛹状，芳香，断面鲜黄色，冬季或初春挖取根状茎洗净煮熟晒干或鲜时切片晒干。

姜黄中含有 0.3% 姜黄素及 1%～5% 的挥发油。姜黄素为一种植物色素，可作食品着色剂，挥发油含姜黄酮、二氢姜黄酮、姜油烯等。

（21）芫荽籽　芫荽籽别名胡荽籽、香荽籽、香菜籽，为伞形科芫荽属植物芫荽的果实。夏季收获，晒干。芫荽籽常用以配咖喱粉。

二、混合香辛料

混合香辛料是将数种天然香辛料混合起来，使之具有特殊的混合香气。它的代表性品种有咖喱粉、辣椒粉、五香粉。

（1）咖喱粉　咖喱粉是一种混合香料。主要由香味为主的香味料、辣味为主的辣味料和色调为主的色香料三部分组成。一般混合比例是：香味料 40%，辣味料 20%，色香料 30%，其他 10%。当然，具体做法并不局限于此，不断变换混合比例，可以制出各种独具风格的咖喱粉。通常是以姜黄、白胡椒、芫荽籽、茴香、桂皮、姜片、辣根、八角、花椒、芹菜籽等配制研磨成粉状，称为咖喱粉。颜色为黄色，味香辣。肉制品中的咖喱牛肉干、咖喱肉片、咖喱鸡等即以此作调味料。

（2）五香粉　五香粉系由多种香辛料植物配制而成的混合香料。其配方因地区不同而有所不同。

配方一：花椒 18%，桂皮 43%，茴香 8%，陈皮 6%，干姜 5%，八角 20% 配成。

配方二：花椒、八角、茴香、桂皮各等量磨成粉配成。

配方三：阳春砂仁 100g，去皮草果 75g，八角 50g，花椒 50g，肉桂 50g，广陈皮 150g，豆蔻 50g，除豆蔻、砂仁外，均炒后磨粉混合而成。

（3）辣椒粉　辣椒粉，主要成分是辣椒，另混有茴香、大蒜等，红色颗粒状，具有特殊的辛辣味和芳香味。七味辣椒粉是一种日本风味的独特混合香辛料，由 7 种香辛料混合而成。它能增进食欲，帮助消化，是家庭辣味调味的佳品。下面是七味辣椒粉的两个配方。

配方一：辣椒 50g，麻子 3g，山椒 15g，芥子 3g，陈皮 13g，油菜籽 3g，芝麻 5g。

配方二：辣椒 50g，芥子 3g，山椒 15g，油菜籽 3g，陈皮 1g，绿紫菜 2g，芝麻 5g，紫苏子 2g，麻子 4g。

三、提取香辛料

随着科学技术的进步，香辛料的生产和加工技术得到进一步发展。现在的香辛料已经从过去的单纯用粉末，逐渐走向提取香辛料精油、油树脂，即利用化学手段对挥发性精油成分和不挥发性精油成分进行抽提后调制而成。这样可将植物组织和其他夹杂物完全除去，既卫生又方便使用。

提取香辛料根据其性状可分为：液体香辛料、乳化香辛料和固体香辛料。

（1）液体香辛料　超临界提取的大蒜精油、生姜精油、姜油树脂、花椒精油、孜然精油、辣椒精油、八角精油、茴香油树脂、丁香精油、黑胡椒精油、肉桂精油、十三香精油等产品均为提取的液体香辛料。

液体香辛料的特点是：有效成分浓度高，具有天然、纯正、持久的香气，头香好，纯度高，用量少，使用方便。

（2）乳化香辛料　乳化香辛料是把液体香辛料制成水包油型的香辛料。

（3）固体香辛料　固体香辛料是把水包油型乳液喷雾干燥后经被膜物质包埋而成的香辛料。

四、调味肉类香精

调味肉类香精包括猪、牛、羊、鸡、鸭、鹅等各种肉味香精，系采用纯天然的肉类为原料，经过蛋白酶适当降解成氨基酸和短肽，加还原糖在适当的温度条件下发生美拉德反应，生成风味物质，经超临界萃取和微胶囊包埋或乳化调和等技术生产的粉状、水状、油状系列调味香精，如猪肉香精、牛肉香精等。可直接添加或混合到肉类原料中，使用方便，是目前肉类工业上常用的增香剂，尤其适用于高温肉制品和风味不足的西式低温肉制品。

1. 肉用香精分类

当前肉制品调香发展趋势是"回归天然"。因此，深刻了解各种肉用香精的特点、功用和基本调香技术，是搞好调香的基础和前提。

（1）按市场现状分　合成肉香精、拌和型肉香精、反应型调理肉香精。

（2）按香精形态分　水溶性香精、油溶性香精、固体香精。

（3）按常用肉香精风味分　猪肉香精、鸡肉香精、牛肉香精、羊肉香精、海鲜香精。

（4）按常用肉香精香型风格分　炖肉风格肉香精、优雅烧烤风格香精、肉汤风格香精、纯天然肉香风格香精。

2. 肉用香精概念

（1）合成香精　是采用天然原料或化工原料，通过化学合成的方法制取的香料化合物，经过调香师个性化设计，按主香、辅香、头香、定香的设计比例勾兑而成的香精。

（2）反应型调理香精　一般认为加热香气是氨基酸、多肽（特别是含硫物质）与糖类进行的一系列氨基羰基反应（加热褐变反应或叫美拉德反应）及其二次反应生成物所形成的。应用以上原理所制造的香精一般称为反应型调理香精。

（3）拌和型香精　是同时具有两种香精特点，但更多以合成香精调配为主勾兑而成的香精。

（4）浓郁香气　该香气的有"直冲感"和"圆润感"。"直冲感"，即香气冲鼻感，来源于低沸点和挥发性香基强烈的嗅觉感。如：合成香精和拌和型香精的头香。"圆润感"，即香气天然柔和感，来源于动物蛋白质中氨基酸、多肽和糖类、脂肪，经美拉德反应生成的特殊肉源香气。合成香精头香有强烈"直冲感"，体香不饱满，基香（尾香）留香时间很短，热稳定性能差；拌和型香精头香稍比合成香精柔和，但头香也有"直冲感"，体香、基香不丰满，热稳定性能差，留香时间短；反应型调理香精头香有"圆润感"，体香、基香饱满，热稳定性能好，留香时间长。

3. 肉制品调香

（1）调香与原料肉关系　采用的原料肉鲜度好，饲养周期长，风味足，肉香精使用量相应减少（0.15%～0.2%）。反之用量大（0.2%～0.3%）。

（2）调香与中西式肉制品工艺关系　中式肉制品加工工艺大多以炖、卤、烧、烤、熏以及通过盐腌和其他加工技术产生肉香气和风味，肉香精使用量相应减少（0.15％～0.2％）。西式肉制品大多是通过灌装，并带包装蒸煮，肉制品只是熟化过程，体现的是卫生、安全和原汁原味，缺乏风味与炖、烤肉香气，调香时肉香精用量相对大些（0.2％～0.3％）。

（3）调香与中西式肉制品关系　中式肉制品在加香时，可采用西式肉制品加工技术，进行注射（内加香），但炖、卤、烤、熏肉制品往往要蛋白质没有凝固即55～65℃时进行喷香，这样肉蛋白才能咬住吸收香气，使留香时间长。

（4）调香与肉制品成品率及各种辅料添加剂关系　肉制品出品率低，用的各种辅料和添加剂少，肉的香气和风味相应增加，肉香精的使用量相对少（0.15％～0.2％）。反之用量大（0.2％～0.3％）。

（5）调香与（风味化）酵母抽提物关系　（风味化）酵母抽提物含有非常丰富的天然氨基酸、核苷酸、肽类及各种维生素和微量元素，呈味非常浓郁，具有圆润、醇厚感和渗延感（回味感）。其既是最终产品，也是中间产品。加在肉制品中，与原料肉中的氨基酸、肽类等进行热反应，把肉源香气调出来，起到掩盖异味与增香作用。因此，在使用（风味化）酵母抽提物的肉制品中，肉香精使用量相对少些（0.15％～0.2％）。

（6）调香与香辛料关系　没有加香辛料的肉制品就没有象征性的肉源香气。香辛料作用在肉中有两方面功能：去除、掩盖肉源腥膻味；抚香、留香、增香，提高肉制品风味。因此，采用适当香辛料的肉制品其使用的肉香精量相对少些（0.15％～0.2％）。

（7）调香与脂肪关系　肉制品添加适量的脂肪（猪肥膘、鸡板脂）会增加脂香和口感（发甘发香），缓解因出品率高和辅料多所造成口感差的情况，调香时可酌情减少肉香精使用量。

（8）调香与季节性关系　冬春两季由于天气寒冷，人的食欲旺盛和口重，调香宜浓和重（0.2％～0.3％），夏秋两季天气酷热，人的食欲减退，喜欢清淡，肉制品（特别是旅游方便肉制品）调香宜清香，突出天然和圆润感。

（9）调香与不同饮食文化关系　肉制品市场定位在东北三省及黄河文化板块，调香宜浓和重；长江文化板块调香适中；珠江和港澳文化板块调香喜欢天然圆润和原汁原味。

（10）调香与宗教信仰关系　我国有56个民族，各民族有自己的宗教信仰和自己的饮食文化习俗，因此肉制品调香中，应根据实际情况选用各种肉香精。

第二章
膨化休闲食品

膨化（puffing）是利用相变和气体的热压效应原理，使被加工物料内部的液体迅速升温汽化、增压膨胀，并依靠气体的膨胀力，带动组分中高分子物质的结构变性，从而使之成为具有网状组织结构特征、定型的多孔状物质的过程。膨化食品是指以膨化工艺过程生产的食品。

广义上的膨化食品，是指利用油炸、挤压、沙炒、焙烤、微波等技术作为熟化工艺，在熟化工艺前后，体积有明显增加现象的食品。

第一节　大米膨化食品

一、锅巴

锅巴是以大米、淀粉、棕榈油等为原料，经科学方法加工而成的小食品。它香酥可口，既可作为下酒小吃，又可作为菜肴烹调，老少皆宜，是深受人们欢迎的休闲食品。

1. 原料配方

（1）配方　大米85%，淀粉15%，棕榈油为大米和淀粉质量的25%，调料为大米和淀粉质量的3%。

（2）调料配方

① 牛肉风味　牛肉精20%，味精10%，盐50%，五香粉10%，白砂

糖 10%。

②咖喱风味　咖喱粉 29%，味精 10%，盐 50%，五香粉 10%，丁香 1%。

2. 工艺流程

淘米→浸泡→蒸米→拌油→拌淀粉→压片→切片→油炸→喷调料→包装→成品

3. 操作要点

（1）淘米　用清水将大米淘洗干净，去掉杂质和沙石。

（2）浸泡　将淘洗干净的大米用洁净水浸泡 1h，捞出。

（3）蒸米　把浸泡好的米放入蒸锅中蒸熟。要求大米硬度适宜，米粒不糊，含水量 50%~60%。

（4）拌油　加入大米原料重 3% 的色拉油或起酥油，搅拌均匀。

（5）拌淀粉　按比例将淀粉和大米混合搅拌均匀，拌淀粉温度控制在 15~20℃。

（6）压片　用压片机将拌好的料压成厚 1~1.5mm 的米片，压 2~3 次即成。

（7）切片　将米片切成长 5cm、宽 2cm 的片。

（8）油炸　将米片放进 200℃ 左右的油中炸制 4min。炸成浅黄色捞出，沥去多余的油。

（9）喷调料　调料按所需配方配好，调料要干燥，粉碎细度为 80 目，喷撒要均匀。

（10）包装　冷却后，每袋装 50~100g，用真空封口机封合。

二、茶香大米锅巴

1. 原料配方

大米 10kg，茶末（绿茶、红茶、乌龙茶任选一种）1kg，食盐 100g，味精 75g，猪油、小麦淀粉、植物油各适量。

2. 工艺流程

大米选择→淘米→浸泡（加茶汁）→蒸煮→冷却→添加配料→轧片→切片→油炸→调味→包装→成品

3. 操作要点

（1）大米选择　选用无霉、无虫蛀的粳米作原料。

（2）淘米　用清水将大米淘洗干净，除去表面的米糠、沙石等异物，沥水后备用。

（3）茶汁提取　提取茶汁用于浸泡大米和蒸米饭。将适量经 120 目筛的茶末用沸水泡 10min，然后抽滤。如此反复操作 3 次，将滤液混合，备用。

（4）浸泡（加茶汁）　用提取的茶汁浸泡大米，使大米充分吸水利于蒸煮时充分糊化、煮熟。浸米至米粒呈饱满状态，水分含量达 30％左右时为止。浸泡时间通常为 30～45min。

（5）蒸煮　可采用常压蒸煮，也可采用加压蒸煮，蒸煮到大米熟透、硬度适当、米粒不糊、水分含量达 50％～60％为止。如果蒸煮时间不够，则米粒不熟，没有黏结性，不易成型，容易散开，且做成的锅巴有生硬感，口味不佳；反之，则米粒煮得太烂，容易成团，并且水分含量太高，油炸后的锅巴不够脆，影响产品质量。

（6）冷却　将蒸煮后的米饭进行自然冷却，散发水汽，目的是使米饭松散，不进一步变软，不黏结成团，也不粘轧片器具，既便于操作，又保证了产品的质量。

（7）添加配料　加入适量猪油、小麦淀粉及取汁后的茶末于冷却好的米饭中混匀。

（8）轧片、切片　在预先涂有油脂的不锈钢板上，将米饭压实成 1mm 厚的薄片，然后切片。切片可大可小，但宜切成大小均匀的小方块。

（9）油炸　将切好的薄片放在油温为 190～200℃植物油中炸制 30s，动作要迅速，以减少茶叶中营养成分的损失。炸至金黄色捞出，控油后立即冷却。

（10）调味　可采用传统方法用食盐、味精等调料加以调味。

（11）包装　经调味或原味的制品用铝塑薄膜袋包装封口，装箱入库即为成品。

三、大米脆片

1. 原料

粳米、淀粉、色拉油、酱油、糖、盐、味精、辣椒酱、番茄酱。

2. 工艺流程

原料→精选→磨粉→混合（淀粉糖、盐）→糊化→整形→冷却→切片→干燥→油炸→上味→离心脱油→冷却→真空包装→成品

3. 操作要点

（1）混合　粳米与淀粉按 9∶10 混合，先用糖水将淀粉溶解，再加米粉掺和，混合要均匀，水用量以混合均匀后表面还渗有一薄层水分为准。

（2）糊化　用蒸汽加热，糊化时间 30min。为使糊化程度一致，应尽量使混合物摊开，受热面积增大。

（3）整形　糊化后要趁热整形，一般搓成圆形或其他形状。

（4）冷却　整形后放置在 0℃左右下冷却。

（5）干燥　将切好形状的半成品干燥，时间 10h，温度（70±5）℃，至片形透明为止。

（6）油炸　在真空油炸锅中进行，温度 160～170℃，时间 1～2min。

（7）离心脱油　油炸后加调味料上味，然后放入离心脱油机中脱油。

（8）冷却　油炸后的脆片经冷风冷却，冷风水分含量要低。

（9）真空包装　以不透气、不透水的密闭容器或塑料袋在真空包装机内包装。

四、米豆休闲膨化食品

1. 原料配方

木薯淀粉 50kg，米粉 20kg，豆粉 20kg，花椒 2kg。

2. 主要设备

多功能粉碎机、蒸锅、冰柜、烘箱、离心机、油炸锅等。

3. 工艺流程

新鲜大豆→分选→烘干→磨粉→原料配比→调面团→成型→蒸煮（预糊化）→冷却老化→切片→预干燥→油炸膨化→真空包装→成品

4. 操作要点

（1）分选　挑选颗粒饱满、无霉变、无虫蛀、颜色金黄大豆，筛选去除杂物类。

（2）烘干　大豆放置于洁净的托盘中，在烘箱中 50℃烘 5～6h。去除大豆中多余水分为磨粉创造条件。

（3）磨粉　用多功能粉碎机将烘干的大豆粉碎成豆粉，同时将大米和花椒磨成粉。

（4）原料配比　将豆粉、米粉、木薯淀粉和花椒进行不同的配比。

（5）调面团、成型　把混合均匀的原料放入干净容器中，加水（26%～38%）后不断搅拌，直至形成软硬适中的面团。面团中湿度均匀，无粉团；将调好的面团制成截面边长 2.5～3cm 的正方形或 2.5cm×3cm 的长方形或长短适中的棱柱形，注意面条必须压紧搓实，将空气赶走，直至切面无气孔为止。

（6）蒸煮（预糊化）、冷却老化、切片　成型后的面团进行蒸煮，使其充分预糊化；蒸煮后迅速放置冰柜中冷却老化；把面条从冰柜中取出，室温解冻，切片厚度 2mm 左右。2mm 厚的薄片在油炸时可迅速浮起，质地松脆，膨化度较高；片过薄，加工难度较大，油炸时也易焦化；片过厚，油炸时均匀性较差，往往是外脆而内有硬心，膨化度也低。

（7）油炸膨化　干片预干燥后，准备好油炸锅，加入适量的色拉油，在油达到不同温度时进行油炸，并记录油炸的时间进行对比。

（8）真空包装　用复合膜包装后，抽真空封装，可以有效防止产品油脂氧化。

五、海鲜膨化米果

1. 原料配方

大米 5.5kg，玉米 3.4kg，糖 1.3kg，大豆 1.1kg，海鲜鱼粉 800g，食盐、香精各适量。

2. 工艺流程

原料处理→混合调味→挤压膨化→切割成型→干燥→冷却→包装→成品

3. 操作要点

（1）原料处理　挑选优质大米、大豆和玉米。分别将大米、大豆磨成细粉。玉米经脱皮机脱去外皮后磨成细粉。

（2）混合调味　按配方将原辅料混合充分搅拌均匀，适量加水，使混合料总水分含量达 14％～22％。

（3）挤压膨化　将搅拌均匀的料送入喂料机，然后进行挤压膨化。挤压温度为 160～180℃，物料在筒体内停留时间为 8～12s。从模孔挤出的米果由旋转切割刀切成圆球状。膨化率达到 96％。

（4）干燥、冷却　挤出的膨化米果水分较高，需经热风干燥机干燥，干燥至水分含量 6％～8％为止，然后迅速冷却。

（5）包装　用铝塑复合薄膜袋定量包装，即为制品。

六、全膨化天然虾味脆条

1. 原料配方

大米 52％，植物油 15％，玉米 16％，虾粉 8.5％，葡萄糖 7％，食盐 1.2％，味精适量。

2. 工艺流程

大米、玉米→粉碎→加水拌料→挤压膨化→切割成型→烘烤→喷油、

调味→包装→成品

3. 操作要点

(1) 原料精选　大米（粳米）、玉米无虫蛀霉变，玉米在粉碎前先除去不易膨化的皮和胚芽；虾头要保持新鲜，将刚取下的虾头、壳除杂洗净，及时烘干，否则虾头的内容物会大量流失，并且易受细菌污染，使虾头变黑发臭而影响产品质量。烘干后的虾头、壳粉碎至80～100目大小。

(2) 加水拌料　在加湿机中将大米、玉米、虾粉按比例混拌均匀，部分食盐应先溶解于调湿度的水中掺入到混合料中，便于分散均匀。加水量的多少应视气候变化、环境温度、湿度的不同而增减，混合后的物料水分一般控制在13%～18%，干燥及气温较高时，加水量可适当多些；反之则少。

(3) 挤压膨化　是整个工艺过程的关键，直接影响到最终产品的质感和口感。当挤压温度为170℃，挤压腔压力为4MPa，螺杆转速为800r/min时，膨化效果较为理想。

(4) 切割成型　膨化物料从模孔挤出后，立即通过输送机牵引至切割机切成相应的条状，调节切刀转速，得到符合长度要求的膨化虾味脆条半成品。

(5) 烘烤　膨化后的半成品水分较高，需经过带式输送机进入隧道式烤炉做进一步干燥，使水分控制在5%，延长保质期，同时烘烤后产生一种特有香味，提高品质。

(6) 喷油、调味　在旋转式调味机中进行。将植物油升温至70℃左右，通过雾状喷头使油均匀地喷洒在随调味机旋转而滚动的物料表面。喷油的目的一是为了改善口感，二是使物料容易沾上调味料。随后喷撒调味料，经装有螺杆推进器的喷粉机将粉末状复合调味料均匀撒在不断滚动的物料表面，即得成品。

(7) 包装　采用立式充气自动包装机包装。为防止受潮，保证酥脆，调味后的产品应即刻包装。包装材料采用涂铝复合膜，充入洁净干燥氮气，封口应平整严密。

七、营养米圈

1. 原料配方

大米粉51%，玉米粉20%，小米粉7%，糖粉12%，面粉5%，奶粉

2%，全蛋粉 1%，盐 1%，油 1%。

2. 工艺流程

原料混合→膨化→冷却→包装→成品

3. 操作要点

（1）原料混合　将所有的粉料倒入搅拌机内，一边搅拌，一边将雾化后的油喷入粉料中，同时将用少量水溶化的香精喷入粉中，加水量愈少愈好，一般为 1%左右。

（2）膨化　将混合好的物料送入膨化机中进行膨化，装料前应将机器预热。当挤压温度为 170℃，挤压腔压力为 4MPa，螺杆转速为 800r/min 时，膨化效果较为理想。

（3）包装　采用立式充气自动包装机包装。为防止受潮，保证酥脆，调味后的产品应即刻包装。包装材料采用涂铝复合膜，充入洁净干燥氮气，封口应平整严密。

八、膨化米虾球

1. 原料配方

大米粉 70%，淀粉 25%，虾粉 0.5%～1%，盐 1.5%～2%，虾油 1%，味精 0.5%，桂皮、甘草、八角各 0.1%，香精 0.2%。

2. 工艺流程

原料混合→膨化→冷却→包装→成品

3. 操作要点

（1）原料混合　将所有的粉料倒入搅拌机内，一边搅拌，一边将雾化后的油喷入粉料中，同时将用少量水溶化的香精喷入粉中，加水量愈少愈好，一般为 1%左右。

（2）膨化　将混合好的物料送入膨化机中膨化，装料前应将机器预热。当挤压温度为 170℃，挤压腔压力为 4MPa，螺杆转速为 800r/min 时，膨化效果较为理想。

（3）包装　采用立式充气自动包装机包装。为防止受潮，保证酥脆，调味后的产品应即刻包装。包装材料采用涂铝复合膜，充入洁净干燥氮气，封口应平整严密。

九、巧克力膨化果

1. 原辅料

大米、玉米、巧克力、植物油、奶油香精、糖。

2. 工艺流程

原料净化→原料配比→水分调节→膨化→涂膜（同时加入料混合→熔化→加香精）→冷却→包装→成品

3. 操作要点

（1）原料净化　挑选无虫蛀霉变大米、玉米，去掉原料中土粒、沙粒等杂质。

（2）原料配比和水分调节　原料配比与水分含量是影响膨化产品质量的主要因素，根据实验发现，原料中大米与玉米的比例为1∶1，水分含量（湿基）为14%～16%时，膨化出的产品膨松度最好，口感也比较松脆。

（3）涂膜　产品的口味、外观主要取决于涂膜料的配比。涂膜料主要由巧克力、植物油、糖、香精混合而成。若要生产出口味好、外观又漂亮的产品，则必须应用合理配比的涂膜料。实际生产中对植物油和巧克力的用量必须严格控制。最佳的涂膜料配比是巧克力的用量比较多；但由于巧克力的价格偏贵，占成本的比例较高，故在实际生产中配制涂膜料时在不影响产品质量的条件下其用量应少些，通常涂膜料配比是取巧克力100g、香精0.19g、糖10g、植物油40g，即巧克力∶香精∶糖∶植物油＝1∶0.0019∶0.1∶0.4。

（4）包装　涂巧克力膜后，采用立式充气自动包装机包装。包装材料采用涂铝复合膜，充入洁净干燥氮气，封口应平整严密。

十、膨化夹心米酥

1. 原料配方

大米 55%，玉米 10%，白砂糖粉 25%，蛋黄粉 2.5%，奶粉 2.5%，芝麻酱 2.5%，巧克力粉 2.5%，奶油适量，色拉油适量，调料适量。

2. 工艺流程

大米、玉米→精选除杂→粉碎过筛→混合→挤压膨化、夹馅→整形→烘烤→喷油、调味→包装→成品

奶油→加热熔化→混合←芝麻酱、蛋黄粉、巧克力粉、奶粉、白砂糖粉

3. 操作要点

（1）精选除杂　用去石机分别将大米、玉米的沙石等杂质除去。

（2）粉碎过筛　将除杂后的大米、玉米（玉米去皮）分别粉碎过 20 目网筛。

（3）混合　按配方将大米粉和玉米粉混合均匀，并使混合后的原料水分保持在 12%～14%。

（4）制馅料　奶油具有良好的稳定性及润滑性，并且能使产品具有较好的风味，因此，用奶油作夹心料载体较为理想。将纯奶油加温熔化，然后冷至 40℃ 左右，按比例加入各种经粉碎过 60 目筛的馅料，搅拌均匀。为保证产品质量，奶油添加应适量，保证物料稀释均匀，并且有良好的流动性。奶油应选用纯奶油，不能掺有水分。

（5）挤压膨化、夹馅　物料在挤压中经过高温（130～170℃）、高压（0.5～1MPa）成为流动性的凝胶状态，通过特殊设计的夹心模均匀稳定地挤出完成膨化，同时馅料通过夹心机挤压，经过夹心模均匀地注入膨化酥中，随膨化物料一同挤压出来，挤出时，物料水分降至 9%～10%。

（6）整形　夹馅后的膨化物料从模孔中挤出后，经两道成型辊压制成型后，由切刀切断成一定长度、粗细厚度均匀的膨化食品，此时物料冷却，水分降至 6%～8%。

（7）烘烤　烘烤的目的是提高产品的口感及保质期。通过烘烤可使馅

料由生变熟，产生令人愉快的香味。烘烤后物料水分降至 2%～3%。

（8）喷油、调味　该工序是在滚筒中进行的，喷油是为了防止产品吸收水分，赋予产品一定的稳定性，延长保质期。喷撒调味料是为了改善口感和风味。随着滚筒的转动，物料从一头进入，从另一头出来。喷油是在物料进入滚筒时进行，通过翻滚搅拌，油料均匀涂在物料表面。物料通过滚筒中部时，加调味料，只滚动不搅拌，从滚筒中出来即为产品。产品应该色泽一致，表面呈一种悦人的白色。喷的油可用色拉油代替。调料可根据需要添加，如咖喱、麻辣粉、奶油等。

（9）包装　产品通过枕式包装机用聚乙烯塑料膜封口，要求密封、美观整齐。在常温下保质期 9 个月以上。

十一、谷粒素

1. 原料配方

（1）谷粒配方　大米 50%，玉米 20%，小米 30%。

（2）巧克力酱料配方　白砂糖 45%，可可脂 30%，可可液块 12%，全脂奶粉 12%，卵磷脂 0.5%，香兰素适量。

（3）糖液配方　白砂糖 1kg，奶粉 0.5kg，蜂蜜 0.1kg。

（4）抛光剂　水 100mL，无水酒精 80mL，树胶 40g，虫胶 10g。抛光剂一般可按总量的 0.1%～0.2% 添加。

2. 工艺流程

大米、玉米、小米→精选除杂→混合粉碎→膨化制粒→巧克力酱料配制→上衣→成圆→静置→抛光→包装→成品

3. 操作要点

（1）膨化制粒　将精选除杂后的大米、小米、玉米按配比混合后粉碎，膨化成直径 1cm 左右的小球。

（2）巧克力酱料配制

① 化料　将可可脂在 40℃ 左右熔化，然后加入可可液块、全脂奶粉、糖粉，搅拌均匀。酱料的温度最好控制在 60℃ 以内。

② 精磨　巧克力酱料用胶体磨连续精磨 2～3h，其间温度应恒定在

40～50℃。酱料含水量不超过 1%，平均细度达到 20pm 为宜。

③ 精炼　精磨后的巧克力酱料还要经过精炼，精炼时间为 24h 左右，精炼温度控制在 46～50℃ 较好。在精炼即将结束时，添加香兰素和卵磷脂，然后将酱料移入保温缸内。保温缸温度应控制在 40～50℃。

④ 制糖液　按 1kg 糖、0.1kg 蜂蜜、0.5kg 奶粉加 5kg 水调匀溶化。

（3）上衣　先将谷粒小球按糖衣锅生产能力的 1/3 量倒入锅内；开动糖衣锅的同时开启冷风，将糖液以细流浇在膨化球上，使膨化球均匀裹一层糖液。待表面糖液干燥后，加入巧克力酱料，每次加入量不宜太多，待第一次加入的巧克力酱料冷却且起结晶后，再加入下一次料，如此反复循环，小球外表的巧克力酱料一层层加厚，直至所需厚度，一般 2mm 左右。谷粒小球与巧克力酱料的质量比为 1:3 左右。

（4）成圆　成圆操作在上衣锅内进行，通过摩擦作用对谷粒素表面凹凸不平之处进行修整，直到呈圆形为止。然后取出，静置数小时，以使巧克力内部结构稳定，然后再上光。

（5）抛光　上光时，一般先倒入虫胶，后倒入树胶，开动抛光机开始上光，球体外壳达到工艺要求的亮度时，便可取出，剔除不合格产品即可包装。操作时，要注意锅内温度，并不断搅动，必要时开启热风，以加快抛光剂的挥发。

十二、咪巴

1. 原料配方

米粉 100kg，淀粉 3kg，猪油 2kg，食盐 2kg，水 42～45L，调味料适量。

2. 工艺流程

米粉→搅拌（加盐水、猪油）→蒸米→打散→加淀粉搅拌→压片→切块→油炸→调味→冷却→包装

3. 操作要点

（1）米粉　以大米为原料，经一天浸泡、蒸煮、压条制成的条状或丝状米制品。

（2）搅拌　先将食盐加入水中溶解后，在搅拌机中边搅拌边将盐水加入米粉中，待混合均匀后，加入猪油，搅拌（也叫打擦）均匀后，上锅蒸。

（3）蒸米粉、打散、加淀粉搅拌　水沸后，蒸5～6min，出锅时米粉不粘屉布，趁热用搅拌机将米粉打散，并加入淀粉，搅拌均匀后压片。

（4）压片　压片不能趁热压片，这样压出的片太硬、太实，油炸后不酥，也不能凉透后压片，这样淀粉会老化，不易成型。压片时可反复折叠压4～6次。至薄片不漏孔，有弹性，能折叠而不断为止。

（5）切块、油炸　切成3cm×2cm的长方块，进行油炸，油炸温度130～140℃。

（6）调味、冷却　油炸后经过调味、冷却、包装即为成品。

第二节　玉米膨化食品

一、玉米花

1. 原料配方

以玉米、白砂糖、食用油为主，玉米、白砂糖、食用油比例以5∶1∶1为宜。根据个人喜好，可加入巧克力、奶油、五香粉等多种调料，制成风味独特的玉米花。

2. 工艺流程

清洗→拌油→加热、拌糖→晃动→爆花→成品

3. 操作要点

（1）清洗　玉米粒淘洗干净，沥水晾干。

（2）拌油　放入食用油和玉米拌匀。

（3）加热、拌糖　将玉米粒平铺在锅底，盖上锅盖，开中火加热，在玉米尚未爆花时，将白砂糖均匀地撒在玉米上，并用筷子搅拌均匀。改小火加热。

（4）晃动　中途可以抬起锅，压紧锅盖，晃动，使受热均匀。不一会儿便会听到锅里发出"嘭嘭"的爆裂声。

（5）爆花　盖上锅盖不时晃动，使玉米在锅内充分运动，片刻就开始爆花。当仅有零星爆花声时，待锅中渐渐平静下来，就爆好了。

（6）成品　爆好后，立即将玉米花倒入事先备好的器皿内，用筷子翻拌均匀。冷却后便可食用或包装出售。

二、玉金酥

1. 原料配方

（1）玉米粉 70％，小米粉 30％。

（2）调味料

① 麻辣味　辣椒粉 30％，五香粉 13％，胡椒粉 4％，味精 3％，盐 50％。

② 孜然味　孜然 28％，花椒粉 9％，姜粉 3％，盐 60％。

2. 工艺流程

玉米粉、小米粉→混合、润水搅拌→挤压→风干切段→晒干→油炸→调味→包装

3. 操作要点

（1）混合、润水搅拌　将玉米粉、小米粉按配方充分混合、搅拌，在搅拌过程中，加入 36％～40％的水，拌匀，加水量可根据季节而变化。

（2）挤压　先用湿料试机，待机器运转正常后，再加入原料。从机器中挤出的半成品，完全熟化，但不膨化。若有膨化现象，说明原料过干，需加水调湿。

（3）风干切段　挤出后的条子用竹竿挑起，晾晒至不互相粘连。切段为 3cm×2cm，晒干。

（4）油炸　油温控制在 70～80℃，不宜过高。将晒干的半成品倒入油锅内，待完全膨化后，立即捞出。

（5）调味　炸好的玉金酥趁热边搅拌边撒入调味料，使其均匀地黏附在成品表面。

三、玉米香酥豆

1. 原料配方

（1）主料　玉米。

（2）辅料　色拉油 3kg，$NaHSO_3$ 10g，白砂糖、净化水、茴香、肉桂、良姜、丁香等适量。

2. 工艺流程

玉米→选料→浸泡→漂洗→蒸煮（调味）→冷冻→油炸→脱油→挂浆→检验→包装→成品

3. 操作要点

（1）选料　选择颗粒饱满、无霉变、无虫蛀的玉米粒，并除去杂质。

（2）浸泡　采用浓度为 0.4% $NaHSO_3$ 溶液，浸泡玉米粒 24h。水面高于玉米粒面 5cm。

（3）漂洗　用净化水反复洗涤玉米粒至 pH 值为 7。

（4）蒸煮（调味）　用高压灭菌锅加水蒸煮洗涤好的玉米粒，加压至 117.7kPa，可在此步添加各种调味料，从而制备出多种口味的成品。

（5）冷冻　于 -24℃ 的冰柜内冷冻 24~48h。

（6）油炸　使用油炸控温锅，油炸温度 150℃，直接油炸冷冻过的玉米。

（7）脱油　使用离心机脱去表面浮油。

四、玉米膨化果

1. 原料配方（虾味）

玉米糁 500g，黑米 500g，虾粉 60g，白砂糖 20g，精盐 20g，奶粉少许。

2. 工艺流程

原料混合→润水→膨化→冷却→切段→烘烤→冷却→称重→包装→

成品

3. 操作要点

（1）原料混合　按照配方将所有原料投入料斗中混合并搅拌均匀。

（2）润水　可根据物料干燥程度润水并且放置 2h，以便均匀吸水。使用的膨化机要求物料含水量达到 12% 左右。

（3）膨化　使膨化机温度控制在 140℃，螺杆转速为 432r/min。然后先投入一部分含水量稍高一些的物料作为引料，待机器运转正常时，再投入原料。同时注意控制进料的速度。

（4）冷却　将膨化后的制品在室温下冷却后，切成每段长 4cm 的段。

（5）烘烤　将冷却、切段后的制品放在烤盘上摊匀放入烤炉中，炉温控制在 170℃ 左右，烘烤时间为 3min 左右。烘烤的目的是，一方面在烘烤过程中产生一些风味物质，另一方面通过烘烤可使产品水分含量达到 3%～5%，提高产品储藏稳定性。

（6）包装　将经过烘烤后的产品进行冷却，然后称重、包装即为成品。

五、炸鲜玉米球

1. 原料配方

鲜玉米 500g，精面粉 250g，鸡蛋 2 个，牛奶 1 瓶，黄油 25g，发酵粉 6g，白砂糖适量，植物油 500g（实耗 150g）。

2. 工艺流程

原料预处理→调配→搅拌→加热→成品

3. 操作要点

（1）原料预处理　将鲜玉米洗净，加水煮熟，剥下玉米粒，用食品粉碎机制成泥状。

（2）调配　将黄油打散，搅打加入白砂糖与鸡蛋液，一起调入面粉中，并分次调入牛奶，制成薄面糊，加入发酵粉调匀。

（3）搅拌　将玉米泥拌入面糊中，成玉米面糊。

（4）加热　将炒锅置火上，放入植物油，烧至四成热，左手抓起玉米面糊，从大拇指与食指中挤出成型，右手取小汤匙把玉米糊刮起，投入温油中，用小火炸至呈金黄色上浮，捞起沥油装盘。面糊要搅匀。炸时油温不能高，火候不宜过旺。

（5）成品　将经过油炸后的产品进行冷却，然后经过称重进行包装即为成品。

六、玉米脆片

1. 原料配方

玉米 2kg，大米 1kg，鸡蛋 2 个，盐 150g，食用调和油 30g。

2. 工艺流程

大米→去杂→磨粉

↓

玉米→除杂→脱皮护胚→磨粉→加水搅拌→加品质改良剂→加水→加油→膨化→出料→剪切→装袋

3. 操作要点

（1）除杂　干法脱皮之前先拣出石子及破损、坏仁的玉米，可以提高玉米面的营养性、安全性，并可以减少对机器的损伤。

（2）玉米脱皮护胚　玉米护胚可以有效提高玉米粉的营养性、蒸煮性。玉米胚可用来榨油。

（3）磨粉　采用磨粉机将玉米、大米磨成粉。玉米粉、大米粉加水糅合后具有一定的延展性。

（4）加品质改良剂　在制备好的混合粉中依次加入鸡蛋、食盐等品质改良剂，以提高混合粉的爽滑性、弹性、筋道、拉力、凝固性及糊化率。食盐添加量为 5%。

（5）加水　向上述混合粉中加入适量的冷水。

（6）加油　在混合粉中滴加 1% 的食用调和油，以使膨化出的玉米脆片色泽亮丽，含水量适中，适当延长保质期。

（7）膨化　湿粉团经膨化后，结构、风味、颜色均有所改变。它的直接优点是食用方便，便于贮存，不易回生，营养价值有所提高。

（8）出料、剪切　成型的产品由于热、压力、动力的作用，出料后剪为小段会有所变形，呈微扭曲状。剪切后产品易食用，易装袋保存。

七、甜玉米脆片

1. 原料与配方

甜玉米渣（湿重）65％，白砂糖 6％～7％，面粉 27％，发酵粉 1.8％，松化剂 0.02％，植物油少量。

2. 工艺流程

甜玉米取汁后的渣→磨碎→混合→压片→切片→烘烤（120℃，30min）→涂油→红外线或微波烘烤→冷却→包装→成品

3. 操作要点

（1）磨碎　甜玉米取汁后的湿渣比较粗糙，不易混合和切片，致使产品表面粗糙没有光泽，影响外观和口感，故要用碾磨机把玉米渣磨得比较细腻。

（2）混合　按上述配方通过和面机调和均匀。由于甜玉米中蛋白质含量只有 10％左右，其中谷蛋白占 40％，因此面筋蛋白远远不够，没有韧性和弹性，比较松散，必须加入一些面筋蛋白丰富的面粉，但加入的面粉不能太多，否则会减弱产品的甜玉米香味。甜玉米本身有特殊的甜香味，适当加 6％的白砂糖可突出甜玉米的甜香味。发酵粉的成分主要是明矾、小苏打、碳酸钙等的复配物，在较高的温度下分解出 CO_2 从而使产品疏松。加入的松化剂不仅可使脆片疏松，口感舒松，而且使它成型性好，成品光泽度增加。混合时要控制好水分，以不粘手、容易压片为准。

（3）压片、切片　通过压片机把面团压成 2mm 厚度的薄片，再切成 1.5mm×40mm 长方形的薄片待烘烤。

（4）烘烤　把切好的薄片放在托盘上用热风干燥箱干燥，其间最好翻动 1～2 次，也可用远红外线干燥器烘烤。为了保证产品在烘烤后具有甜玉米浓郁的香味，烘烤温度至关重要，既要使淀粉完全糊化熟透，又要使它疏松，采用 120℃烘烤 30min 左右最佳，可使产品保留甜玉米较浓的香味，

没有生粉味，又不易焦化，保持产品的金黄色。

（5）涂油　第一次烘烤后的产品表面比较粗糙，没有光泽，为此在表面涂上一层植物油，使产品表面有一定水分，使表面有光泽。涂油后过微波或红外线，在120℃条件下1～1.5min就可使产品由原来的浅黄色变成有光泽的金黄色，且有焦香味，更酥脆可口。

八、油炸玉米片

1. 原料配方

粒度为600～850μm的玉米粒60kg，脱脂奶粉5kg，0.2%～0.3%的亚硫酸、石灰水、奶油、维生素、矿质元素、调味品适量。

2. 工艺流程

选料→浸泡→中和→清洗→沥干→成型→烘烤→过筛→油炸→调味、包装

3. 操作要点

（1）选料　以无霉变、无虫蛀、籽粒饱满的玉米为原料。在浸泡前，应除去玉米中的石子、木屑和铁块等杂质。

（2）浸泡　用浓度为0.2%～0.3%的亚硫酸溶液，浸泡玉米籽粒16～18h，其间搅拌3次。溶液的液面高于玉米籽粒10cm。

（3）中和　将酸液浸泡过的玉米立即用石灰水中和，石灰的用量为玉米质量的0.8%。中和的时间为2～3h，并不时搅拌。

（4）清洗　将中和后的玉米籽粒立即用清水冲洗3次，然后沥干水分。

（5）沥干　将沥干的玉米籽粒放入平轴式金刚砂轮磨磨碎成细粒。

（6）成型　细粒马上进入挤压成型机，压平成型为三角形或菱形片状，每边长度3cm左右，厚度约2mm。在挤压过程中，玉米淀粉已糊化，但未达到膨化的程度。

（7）烘烤　成型的玉米片立即送入烘箱内烘烤。烘箱内的温度不应高于160℃，而且温度要逐渐上升，否则玉米片容易卷曲变形。烘烤后玉米片的水分应控制在13%左右，水分过高，油炸后玉米片的表面容易起泡。

（8）过筛　烘烤后的玉米片中有细碎屑，应筛去。

（9）油炸　使用经精炼的豆油或玉米油，油温190℃左右，油炸时间1min左右。捞出，沥干油。最终油炸后产品的含水量应在2%以下，油脂含量达到20%～25%。

（10）调味、包装　把炸好的玉米片放进倾斜放置的可旋转圆筒内，趁玉米片温度较高时添加各种配料，一边添加配料一边转动圆筒，使配料均匀地黏附在玉米片上。添加的配料主要有奶油、脱脂奶粉、维生素和钙、锌、铁等矿质元素，以及糖、食盐等调味品。将调味后的产品进行包装即为成品。

九、黑芝麻玉米片

1. 原料配方

植物油10kg，玉米8kg，黑芝麻2kg，调味料适量，明矾、碳酸钠、泡打粉组成软化剂和脱臭剂，根据原料酌情使用。

2. 工艺流程

黑芝麻→精选→洗净晒干（烘干）

↓

玉米→选料→脱皮→浸泡→水洗→蒸熟→压片→切片→油炸→拌调料→包装→成品

3. 操作要点

（1）选料、脱皮、浸泡　选择新鲜优质玉米去杂脱皮，在有软化剂、脱臭剂的水溶液中浸泡12h，取出洗3～4遍，蒸40min。

（2）精选、洗净晒干　选择饱满的黑芝麻，除去杂质，洗净，晒干或烘干。

（3）压片　将蒸熟后降至常温的玉米在压面机上碾压6～7次，然后混入黑芝麻，压成1.5～2mm厚的整片。然后切成小片。

（4）油炸　将植物油烧沸，放入玉米片油炸5min后捞出。

（5）拌调料　油炸后稍冷的玉米片喷洒调味料，拌匀。调味料由小磨芝麻油、食盐、味精等组成。

（6）包装、成品　加好调味料的玉米片冷却至常温，整形，包装封口即为成品。

十、高纤维膨化玉米粉

1. 原料

米糠、大麦麸皮、玉米、淀粉酶、中性蛋白酶、氢氧化钙、氢氧化钠、硫酸、双氧水。

2. 工艺流程

① 玉米→挑选去杂→去皮→粗磨→细磨→拌粉调配→挤压膨化→粉碎→膨化玉米粉

② 米糠→过筛→称重→碱泡→清洗、过滤→漂白→干燥→粉碎→过筛

③ 大麦麸皮→热水处理→酶处理→热过滤→清洗、过滤→漂白→干燥→粉碎→过筛

④ 米糠纤维、大麦麸皮纤维、膨化玉米粉→混合→成品

3. 操作要点

（1）玉米的挤压膨化　玉米采用干法去皮。经万能粉碎机、磨粉机处理后使产品粒度达 60 目，同时调整水分在 16% 左右。然后挤压膨化，调整螺杆转速为 100r/min，膨化机三段加热温度分别为 80℃、140℃、160℃进行挤压膨化。膨化后玉米用万能粉碎机粉碎，使其粒度达 40～60 目。

（2）米糠纤维的制备　将米糠用 26 目筛网过滤，取其筛下物。将筛下的米糠与水以 1∶15 比例，用饱和氢氧化钙，在 50℃ 恒温水浴浸泡 1h。碱泡后的米糠滤去水分，用清水冲洗掉附着的碱液。用 5% 双氧水漂白过滤，将米糠置于干燥箱中在 60℃ 干燥至水分含量小于 6%。干燥过的米糠用粉碎机粉碎，使其过 80 目筛即为成品。

（3）大麦麸皮纤维的制备　将大麦麸皮与 50～60℃ 热水混合搅匀，用浓硫酸调 pH 至 5.0，搅拌 6h。然后用氢氧化钠调 pH 至 6.0，在 55℃ 条件下加入适量中性蛋白酶分解麸皮蛋白 2h，再升温至 90℃，加入淀粉酶，保持 0.5h 以分解去除淀粉类物质。将酶处理后的溶液，加热至沸，保持，以达灭酶、杀菌之目的，过滤之后分数次清洗。对过滤后的麦麸用 4% 双氧水漂白，然后置于干燥箱中在 60℃ 干燥 12h。将干燥后麦麸用粉碎机粉

碎，过 80 目筛。

（4）复合高纤维膨化玉米粉的制备　将制备好的米糠纤维、大麦麸皮纤维、膨化玉米粉以 1∶1∶20 比例调和均匀，得最终产品。

十一、玉米膨化糕

1. 原料配方

玉米，白砂糖，芝麻。

2. 工艺流程

选料→浸泡→破碎→膨化→熬糖→成型→包装→成品

3. 操作要点

（1）选料　选用颗粒饱满、成熟度好、无霉变、无虫蛀的优质玉米。

（2）浸泡　将清理好的玉米放入清水中浸泡 20～40min，使玉米表皮充分吸水膨胀，产生弹性，以利于在粉碎过程中脱皮和形成颗粒。

（3）破碎　将浸泡好的玉米摊在干净透气的用具上稍加晾晒，然后放入破碎机中粉碎，粉碎成的颗粒直径为 3mm 左右。筛分除去玉米皮，将玉米粒放进膨化机内，膨化成直径为 6mm，长度约 40mm 的长条（也可以是较小的尺寸）。

（4）熬糖　将白砂糖熬至可以拔丝时再倒入洗净烘干的芝麻，略经搅拌，就立即出锅。

（5）成型　将熬好的芝麻糖浆浇入膨化玉米条中拌匀，然后平摊在案板上的木框内，使其薄厚均匀一致，并用锤子来回敲击，压平压实定形切块，检验合格后包装，即为成品。

十二、蛋黄玉米酥饼

1. 原料配方

鲜玉米浆 83%，白砂糖 10%，蛋黄 5%，淀粉 2%，疏松剂适量。

2. 工艺流程

　　　　选料→脱粒→蒸煮→磨浆→真空浓缩→配料→挤压成型→微波烘烤→
成品

3. 操作要点

　　（1）选料　选用颜色金黄、含糖量高、汁液多、口感滑嫩、有一定糯
性、成熟度适宜的优质鲜食玉米为原料。

　　（2）脱粒　除去玉米穗外皮和玉米须，将玉米粒从玉米棒上剥下来，
剥时注意防止玉米粒破碎。并用温开水清洗干净。

　　（3）蒸煮　清洗干净的玉米粒加入大约1倍的清水，在蒸煮锅中先用
大火煮沸，然后用小火慢慢焖煮，时间大约1h。其间须不断上下翻动，若
缺水，可补一次水，但最好一次性将水加足，注意水不可过量。

　　（4）磨浆　采用过滤去渣一体化磨浆机将玉米粒进行磨浆，用80～
100目滤网过滤。进料时须将玉米粒和煮液混合，原料过干或过稀都将影
响磨浆效果。

　　（5）真空浓缩　将磨好的玉米浆打入真空浓缩锅中浓缩。浓缩锅一般
为圆底，玉米浆不可装得过满，温度保持在65℃左右，真空度保持在
0.085MPa。浓缩时必须开动搅拌器不断搅拌，否则淀粉沉淀将导致粘锅
和焦化。当固形物含量达60%时，即为浓缩终点，便可出锅。注意不可高
温浓缩，否则将造成玉米饼颜色较深和营养损失较大。

　　（6）配料　先将浓缩好的玉米浆打入配料罐，然后按照配方将白砂糖
溶化，鲜鸡蛋去掉蛋清后，用打蛋机打成立体糊沫状，再连同淀粉等辅料
一同加入配料罐，搅拌均匀。搅拌温度应保持在60℃左右，搅拌转速为
100r/min。

　　（7）挤压成型　选用食品挤压成型袋，一般有圆形、五角形、三角形
等花色样式，根据所需确定。可在烤盘上先涂上一层花生油。

　　（8）微波烘烤　将成型后的玉米饼推入烤箱中进行烘烤。微波烘烤不
但加热均匀，缩短了烘烤时间，而且有一定的膨化作用，可使成品更加酥
脆。烘烤温度需控制在200℃左右，烘烤至半熟时，可在饼面上刷一层蛋
液，以增加产品的色泽。待产品完全成熟，质感酥脆后即可出箱，自然冷
却后包装为成品。

十三、金丝绣球

1. 原料配方

玉米圆粉条 250g，饴糖 150g，砂糖 150g，糖馅 100g，熟芝麻仁 25g，花生油 500g（实耗 100g），红、绿樱桃适量。

2. 工艺流程

原料→炸制→熬糖→成品

3. 操作要点

（1）原料　将红、绿樱桃清洗干净切成小碎丁。

（2）炸制　在锅内放入花生油，烧至六成热，下入玉米圆粉条进行炸制，膨胀后，捞出沥油。

（3）熬糖　将饴糖放入锅内，加入 75g 砂糖及少量水，用中火熬制成稀浆，用筷子边搅拌边倒入炸好的圆粉条内，趁温热时分成约 20g 重的小剂子，包入糖馅，捏成圆球形。

（4）成品　把砂糖 75g 和芝麻混合一起，粘在表面，再粘上红、绿樱桃即成。

4. 注意事项

炸粉条油温不能太低，否则炸出的粉条不膨胀。熬好糖稀浆后，要趁热倒入粉条盆内搅拌均匀，糖稀晾凉后易脆，不好包馅。

第三节　薯类膨化食品

一、膨化马铃薯

1. 原料配方

（1）熏肉口味马铃薯粉膨化食品　马铃薯粉 83.74kg，熏肉 4.8kg，氢化棉籽油 3.3kg, 食盐 2kg, 味精（80%）0.6kg, 卡拉胶 0.3kg, 棉籽油 0.78kg, 磷酸单甘油酯 0.3kg, BHT（抗氧化剂）30g, 蔗糖 0.73kg, 食用色素 20g 和适量水。

（2）海鲜味膨化食品　马铃薯淀粉 40~70kg, 蛤蚌肉（新鲜，去壳）25~51kg, 食盐 2~5kg, 发酵粉 1~2kg, 味精（80%）0.15~0.6kg, 大豆酱 85~170g, 柠檬汁 68~250g, 水 25~65g。

（3）花生酱风味膨化食品　马铃薯淀粉 55kg, 花生酱 20kg, 水 25kg。

（4）洋葱口味马铃薯膨化食品　马铃薯颗粒粉 27.8kg, 淀粉 29.6kg, 食盐 2.3kg, 浓缩酱油 5.5kg, 洋葱粉末 0.2kg, 水 34.6kg。

2. 工艺流程

原料→粉碎、过筛→混料→膨化、成型→调味→涂衣→包装→成品

3. 操作要点

（1）粉碎、过筛　将干燥的马铃薯片用粉碎机粉碎，过筛以弃去少量较粗的马铃薯干粉。

（2）混料　将马铃薯干粉和玉米粉混合均匀，加 3%~5% 水润湿。

（3）膨化、成型　将混合料置于成型膨化机中进行膨化，以形成条形、方形、圈状、饼状、球形等初成品。

（4）调味、涂衣　膨化后，应及时加调料调成甜味、鲜味、咸味等多种风味，并进行烘烤，则成膨化马铃薯酥。膨化后的产品可涂一定量熔化的白砂糖，滚粘一些芝麻，则成芝麻马铃薯酥。也可涂一定量可可粉、可可脂、白砂糖的混合熔化物，则可制得巧克力马铃薯酥。

（5）包装　将调味涂衣后的产品置于食品塑料袋中，密封。

二、复合马铃薯膨化条

1. 原料配方

马铃薯 55%, 玉米粉 14%, 面粉 9%, 糯米粉 11%, 奶粉 4%, 白砂糖 4%, 食盐 1.2%, 番茄粉 1.5% 和外用调味料适量。或将番茄粉换为五香粉或麻辣粉。

2. 工艺流程

　　鲜马铃薯→选料→清洗→去腐去皮→切片→柠檬酸钠溶液处理→蒸煮→揉碎→混合→老化→干燥（去除部分水分）→挤压膨化→调味→包装→成品

3. 操作要点

　　（1）选料　选白粗皮且晚熟期收获，存放时间至少 1 个月的马铃薯，因为白粗皮的马铃薯淀粉含量高，营养价值高，存放后的马铃薯香味更浓。

　　（2）切片及柠檬酸钠溶液处理　将选好的马铃薯清洗干净去皮、切片。切片是为了减少蒸煮时间，而柠檬酸钠溶液的处理是为了减少在入锅蒸煮前这段较短的时间内所发生的酶促褐变，保证产品的良好外观品质，柠檬酸钠溶液的浓度用 0.1%～0.2%即可。

　　（3）蒸煮、揉碎　将马铃薯放入蒸煮锅中进行蒸熟，然后将其揉碎。

　　（4）混合、老化　将揉碎的马铃薯与各种辅料进行充分混合，然后进行老化。蒸煮阶段淀粉糊化，水分子进入淀粉晶格间隙，从而使淀粉大量不可逆吸水，在 3～7℃、相对湿度 50%左右下冷却老化 12h，使淀粉高度晶格化从而包裹住糊化时吸收的水分。在挤压膨化时这些水分就会急剧汽化喷出，从而形成多空隙的疏松结构，使产品达到一定的酥脆度。

　　（5）干燥　挤压膨化前，原、辅料的水分含量直接影响到产品的酥脆度。所以，在干燥这一环节必须严格控制干燥的时间和温度。本产品可采用微波干燥法进行干燥。

　　（6）挤压膨化　挤压膨化是重要的工序，除原料成分和水分含量对膨化有重要影响之外，膨化中还要注意适当控制膨化温度。因为温度过低，产品的口感不好，温度过高又容易造成焦煳现象。膨化适宜的条件为原辅料含水量 12%、膨化温度 120℃、螺旋杆转速 125r/min。

　　（7）调味　因膨化温度较高，若在原料中直接加入调味料，调味料会极易挥发。将调味工序放在膨化之后是因为刚刚膨化出的产品具有一定的温度、湿度和韧性，在此时将调味料喷撒于产品表面可以保证调味料颗粒黏附其上。

　　（8）包装　将上述经过调味的产品进行包装即为成品。

三、马铃薯三维立体膨化食品

1. 原料

马铃薯淀粉，玉米淀粉，大米淀粉，调味粉。

2. 工艺流程

原料、混料→预处理→挤压→冷却→复合成型→烘干→油炸→调味→包装→成品

3. 操作要点

（1）原料、混料　该工艺是用混料机将干物料混合均匀与水调和达到预湿润的效果，为淀粉的水合作用提供一些时间。这个过程对最后产品的成型效果有较大的影响。一般混合后的物料含水量在28%～35%。

（2）预处理　预处理后的原料经过螺旋挤出使之达到90%～100%的熟化，物料是塑性熔融状，并且不留任何残留应力，为下道挤压成型工序做准备。

（3）挤压　这是该工艺的关键工序，经过熟化的物料自动进入低剪切挤压螺杆，温度控制在70～80℃。经特殊的模具，挤压出宽200mm、厚0.8～1mm的大片，大片为半透明状，韧性好。

（4）冷却　挤压过的大片必须经过8～12m的冷却，有效地保证复合机在产品成型时的脱模。

（5）复合成型　该工艺由三组程序来完成。

第一步为压花。由两组压花辊来操作，使片状物料表面呈网状并起到牵引的作用；动物形状或其他不需要表面网状的片状物料可更换为平辊，使其只具有牵引作用。

第二步为复合。压花后的两片经过导向重叠进入复合辊，复合后的成品随输送带送入烘干，多余物料进入第三步回收装置。

第三步为回收。由一组专从挤压机返回的输送带来完成，使其重新进入挤压工序，保证生产不间断。

（6）烘干　挤出的坯料水分处于20%～30%之间，而下道工序之前要求坯料的水分含量为12%，由于这些坯料此时已形成密实的结构，不可迅

速烘干，这就要求在低于前面工序温度的条件下，采用较长的时间来进行烘干，以保证产品形状的稳定。

（7）油炸　烘干后的坯料进入油炸锅以完成油炸和去除水分，使产品最终水分为 2%～3%。坯料因本身水分迅速蒸发而膨胀 2～3 倍。

（8）调味、包装　用自动滚筒调味机在产品表面喷涂 5%～8% 调味粉，然后进行包装即为成品。

四、油炸膨化马铃薯丸

1. 原料配方

去皮马铃薯 79.5%，食用油 9.0%，人造奶油 4.5%，鸡蛋黄 3.5%，蛋清 3.5%。

2. 工艺流程

马铃薯→洗净→去皮→整理→蒸煮→捣烂→混合→成型→油炸膨化→冷却→油汆→滗油→成品

3. 操作要点

（1）去皮及整理　将马铃薯洗净后去皮，然后检查除去发芽、虫蛀、腐烂、碰伤、霉变等部位，去皮可采用机械摩擦去皮或碱液去皮。

（2）蒸煮、捣烂　采用蒸汽蒸煮，使马铃薯完全熟透为止。然后将蒸熟的马铃薯捣成泥状。

（3）混合　按照配方的比例，将捣烂的熟马铃薯泥与其他配料加入搅拌混合机内，充分混合均匀。

（4）成型　将上述混合均匀的物料送入成型机中进行成型，制成丸状。

（5）油炸膨化　将制成的马铃薯丸放入热油中进行炸制，油炸温度180℃左右。

（6）冷却、油汆　油炸膨化的马铃薯丸，待冷却后再次进行油炸。

（7）滗油、成品　捞出沥油后的油炸膨化马铃薯丸。成品马铃薯丸的直径为 12～14mm，香酥可口，风味独特。

五、马铃薯菠萝豆

1. 原料配方

马铃薯淀粉 25kg，精白糖 12.5kg，鸡蛋 4kg，低筋面粉 2.0kg，粉状葡萄糖 1.15kg，脱脂奶粉 0.5kg，蜂蜜 1kg，碳酸氢铵 0.025kg。

2. 工艺流程

原料混合→压面→切割→滚圆成型→烘烤→包装→成品

3. 操作要点

（1）原料混合　先将除淀粉之外的所有原料在立式搅拌机中混合搅拌 10min，然后加入马铃薯淀粉，利用卧式搅拌机搅拌 3min 左右和成面团。

（2）压面　和好的面团用饼干成型机三段压延，压成 9mm 厚的面片，然后用纵横切刀切成正方形。

（3）滚圆成型　将正方形小块用滚圆成型机滚成球状。

（4）烘烤　将球状的菠萝豆整齐地排列在传送带上，在传送的过程中，由喷雾器喷出的细密水雾喷在菠萝豆上，使其外表光滑。烘烤温度为 200～230℃，烘烤时间为 4min。

（5）包装　烘烤结束后，经过自然冷却后进行分筛，除去残渣后进行包装即为成品。

六、膨化甜脆甘薯片

1. 原料配方

鲜甘薯，白砂糖，食盐，味精，植物油各适量。

2. 工艺流程

原料选择及处理→切片→蒸制→干燥→膨化炸制→拌料→包装→成品

3. 操作要点

（1）原料选择及处理　选择新鲜、无霉变、无虫蛀、含干物质多的新鲜甘薯作为加工原料。用清水将薯块充分洗涤干净，并将薯块腐烂、机械伤等部分除干净。

（2）切片　用切片机将甘薯块切成 2～3mm 厚、形状规则一致的薄片。

（3）蒸制　将切好的薯片放在蒸笼中，用大火蒸 5～10min，出锅冷却。

（4）干燥　将蒸过的薯片及时晒干或用烘箱烘干。

（5）膨化炸制　将干燥好的薯片盛于金属网中，放入植物油中在温度 140～160℃炸制 3～5s，至薯片充分膨化又未焦糊时立即取出，充分沥干炸油。炸制动作要迅速。

（6）拌料　将油炸的薯片加以白砂糖、食盐、味精及其他香料，可拌成多种风味独特的膨化薯片食品。

（7）包装　产品自然冷却后用复合塑料食品袋包装密封，即为成品。

七、油炸膨化小食品

1. 原料配方

马铃薯淀粉 80%，籼米 20%，调味料适量。

2. 工艺流程

原料混合→蒸煮搅拌→辊压→卷筒→冷却老化→切割成型→一次烘干→存放→二次烘干→油炸、炒制膨化→包装→成品

3. 操作要点

（1）蒸煮搅拌　原料加水搅拌并蒸汽加热 4～5min，一般蒸汽压力 0.2～0.4MPa。蒸煮后水分控制在 40% 左右。注意蒸透、搅匀，使淀粉充分糊化（α化）。

（2）辊压　蒸煮好的面团趁热辊压形成 1～3mm 厚的面皮，压辊间隙为 0.5～2.5mm，两端间隙要求相同。

（3）卷筒　辊压好面皮经冷却机冷却，用卷皮机在 980 的不锈钢管上卷成 350mm 左右的面卷。

（4）冷却老化　将面卷置于 20℃ 以下（最佳温度 3～6℃）、相对湿度

$50\%\sim60\%$ 的库房中存放 24h，使淀粉老化。

（5）切割成型　将老化后的面皮按所需形成规格在成型机上压纹切割成型。

（6）一次烘干　温度 $50\sim60℃$，$1.5\sim2h$。一次烘干后水分降至 $15\%\sim20\%$，此时半成品表面已形成晶格结构，但内部水分较多，未形成晶格结构。若一次烘干后水分过高，一方面存放时易霉变；另一方面未达到一次烘干表面晶格化的目的；若水分过低，则表面晶格化过度，使水分不易渗透均匀，增加了二次烘干的难度，造成膨化不均匀。

（7）存放　存放是为了使半成品内部水分渗透出来，分布均匀，有利二次烘干和膨化均匀。存放时间应在 24h 以上，使半成品柔软，不易折断。

（8）二次烘干　温度 $70\sim80℃$，时间 $6\sim8h$，烘干后水分应控制在 8% 左右。试验证实，半成品水分含量与膨化度有密切关系。水分含量过高，瞬时水分无法汽化，导致膨化不良，口感不脆、粘牙；而水分含量过低，形成的水蒸气量不够，同样膨化不良。二次烘干后半成品内部已充分晶格化，水分均匀分布在晶格中。

（9）油炸、炒制膨化　油炸一般用棕榈油，油温 $190℃$，时间 $6\sim8s$；炒制用食用盐或食品专用沙粒作为传热介质，时间 $20\sim25s$。膨化时温度与成品膨化度有关，温度 $200\sim210℃$。

（10）包装　膨化产品采用真空充氮气软包装。

八、微波膨化营养马铃薯片

1. 原料配方

马铃薯 100kg，食盐 2.5kg，明胶 1kg。

2. 工艺流程

原料处理→配制溶液→去皮→切片→护色→浸胶→调味→微波膨化→包装→成品

3. 操作要点

（1）原料处理　选择无霉变、无腐烂、无虫蛀、无发芽储藏期小于 1 年的马铃薯为原料。用清水将选择好的马铃薯表面的泥土等杂质洗净。

（2）配制溶液　因为考虑到马铃薯的褐变、维生素流失和风味的调配，所以溶液应同时具有护色、调味等作用。量取一定量的水（要求全部浸没原料），加入需要的食盐和明胶，加热至100℃明胶全部溶解。制作同样的两份溶液，一份加热煮沸，一份冷却至室温。

（3）去皮　将清洗干净的马铃薯去皮，并深挖芽眼。去皮要厚于0.5mm，然后进行切片，切片厚度1～1.5mm，要求薄厚均匀一致。

（4）护色及调味　先将马铃薯片放入沸腾的溶液中烫漂2min，马上捞出放入冷溶液中。并在室温下浸泡30min。

（5）微波膨化　将马铃薯片从冷溶液中捞出后马上放入微波炉内进行膨化，调整功率为750W，2min后进行翻面，再次放入功率750W微波炉中膨化2min。然后调整功率75W，持续1min左右。产品呈金黄色，无焦黄，内部产生细密而均匀的气泡，口感松脆。

（6）包装　从微波炉中将马铃薯片取出后要及时封装。采取真空包装或惰性气体（氮气、二氧化碳）包装，低温低湿避光贮藏。包装材料要求不透明、非金属、不透气，产品经过包装后即为成品。

九、油炸膨化甘薯片

1. 原料配方

鲜甘薯30kg，甘薯淀粉20kg，玉米淀粉10kg，白砂糖2kg，精盐0.1kg。

2. 工艺流程

原料选择→浸泡、清洗→热烫去皮→修整→蒸煮→打浆→调粉→糊化→压皮制坯→冷却→醒发→成型→干燥→油炸膨化→脱油→调味→包装→成品

3. 操作要点

（1）清洗　选择质脆、无霉烂、无虫蛀及机械损伤的甘薯原料；先用清水浸泡30min左右，清洗掉甘薯表面的泥土及杂质等异物。

（2）热烫去皮、蒸煮　清洗干净后的甘薯在沸水中热烫3min，然后趁热用机械滚筒内钢丝刷与甘薯表面摩擦除去表皮，立即放入1.5%的食盐

中护色处理；然后切除甘薯两端的粗纤维部分，再投放入夹层锅的蒸笼里，将甘薯蒸透后备用。

（3）打浆、调粉、糊化　熟甘薯打成浆同淀粉、白砂糖、精盐调至均匀一致后放入蒸锅中边蒸边搅拌，用 0.4MPa 气压蒸 3.5min 即可。

（4）压皮制坯、冷却　将蒸煮的甘薯团趁热压皮，皮的厚薄要求均匀一致，一般在 1.5mm 厚左右，压好的皮经过冷却输送架输送，当温度降到 20℃ 左右时，卷好皮送入醒发室。

（5）醒发　在醒发室放置 20～24h，醒发室要求相对湿度 60%～70%，密闭不透风。

（6）成型　将冷却老化好的皮料用成型机切成边长为 2cm 的方形片状或长 3～4cm、宽 0.5cm 的条状。

（7）干燥　将成型好的坯料在低温 40～45℃ 下干燥 12h，成为水分为 8%～9% 的干坯料。

（8）油炸膨化　采用棕榈油，油温 190～200℃，油炸时间 10～15s。

（9）脱油　采用低速离心脱油，转速为 1500～3000r/min，时间 3min。

（10）调味、包装　根据不同需要，采用以甘薯口味为主、其他口味为辅的调味方法调出各种口味。包装采用复合袋充氮包装，防止成品破碎和吸湿。

十、甘薯虾片

1. 原料配方

甘薯淀粉 1kg，虾皮汁 170g，精盐 20g，味精 15g，明矾 10g 等。

2. 工艺流程

配料→搓条→蒸熟→冷却→切片→干燥→油炸→包装→成品

3. 操作要点

（1）配料、搓条　将各种原辅料按配方充分拌匀后，再加入 3～4 倍的温水调匀，在木板桌上搓成直径为 5cm 左右、粗细均匀的圆条。

（2）蒸熟　将搓好条的料坯放入高压锅中蒸煮 35min，使淀粉充分糊化，增加料坯之间的结合力。

（3）冷却　在0℃下快速冷却最好，如果没有条件也可以采取其他冷却方法，即在常温下进行冷却。冷却的主要目的是使料坯固化，不粘手，能切成片。

（4）干燥　将料坯切成小于2mm的薄片，在50℃下至少干燥6h。使坯片含水量达到8%～12%。如果不立即油炸，应保存在防潮容器中。

（5）油炸　甘薯虾片油炸后变为蓬松状态，要求油炸后产品蓬松度大。影响甘薯虾片油炸效果的因素主要有油温度、油炸时间、虾片含水量。生产实践证明，甘薯虾片含水量10%，油温度为190℃炸20s，效果最佳。

（6）包装　将油炸后的产品经过冷却包装后即为成品。

十一、香酥薯片

1. 原料配方

甘薯500g，红糖75g，白砂糖75g，酥桃仁50g，熟芝麻10g，熟花生10g，花生油500克（实耗75g）。

2. 工艺流程

甘薯→清洗→切片→烫漂→烘干→焙炒膨化→包装→成品

3. 操作要点

（1）清洗　要用清水反复清洗甘薯的茎块，彻底洗净茎块上附着的泥沙等杂物。

（2）切片　用不锈钢刀将甘薯切成厚度为3～4mm的薯片。

（3）烫漂　将薄薯片置于沸水中烫漂，当薯片的颜色由白转褐时，便可捞出沥干，然后摊放在烘干托盘上。

（4）烘干　烘干温度以55～60℃为宜。若无烘干设备，可采用土法干燥，在晴朗干燥的天气下晒2～3d即可。干燥后的薯片的含水量为8%左右。

（5）焙炒膨化　烘干后的薯片还必须经过焙炒使薯片膨化后才能食用。焙炒膨化的方法是，把油沙（用来炒制食品的沙子）放在锅中加热至

180～200℃，然后将薯片放入，与热油沙一起翻炒。在焙炒的过程中，薯片由于急骤受热而发生膨化，变得酥脆。焙炒时应注意掌握火候，时间短了炒不熟，膨化不彻底，吃起来不酥、不香；反之，若炒过了头，便会煳锅，出现焦煳、发苦的现象。当薯片炒至由褐变红、体积增大、芳香扑鼻时即可出锅，用筛子筛除其中的油沙，冷却后即可成为香酥脆的香酥薯片。

（6）包装　为防止成品薯片在运输、销售过程中挤压破碎，宜采用充气包装袋包装或硬纸盒包装等包装形式。

第三章
糖制休闲食品

第一节 糖衣食品

糖衣类主要是将原料油汆或炒熟后，经过熬糖、调料和拌和等工艺流程在外面裹上糖衣而成的制品。

糖衣的原料必须事先炒熟或炸熟，是炒熟还是炸熟，应视品种而定，有些原料需要去皮，应先去皮。方法是：先将原料炒熟，用手轻轻捏去外皮。

在糖衣类炒货制作中，都有熬糖的工序，且是关键的一步。熬糖要选用洁白无杂质的绵白糖或砂糖。砂糖要晶粒大，无碎末。绵白糖和砂糖都要松散，不粘手，不结块，甜味纯正。

根据产品的不同需要，对于糖的熬制则有不同的要求。花生沾、糖豆瓣、怪味豆等，要将糖裹在果品的外面，可称为淋糖。花生糖等，要将糖与果品混合在一起，然后成型，可称为糖坯。

有的产品淋糖为白色，如花生沾；有的产品淋糖为黄色，如蛋黄花生。黄色的淋糖要按配方加小苏打等辅料。淋糖工序一般要分2～3次进行，温度要从低到高。一般第一次淋糖时糖浆的温度在110℃左右，第二次淋糖时糖浆的温度在120℃左右，第三次淋糖时糖浆的温度在130℃左右。

糖坯在使用时，要求有不同的色泽和硬度。随着糖色的加深，糖的硬度也在增加。另外，在夏季，糖要偏硬；冬季，糖要偏软。夏季与冬季，糖的温差约为10℃。在夏季糖温掌握在135～145℃，冬季掌握在125～135℃。糖温最高不超过165℃。温度过高，糖色过深，就会使糖味焦苦。

一、甘薯酥糖

1. 原料配方

糯米 20kg，鲜甘薯 12kg，绵白糖 12.5kg，植物油 10kg，饴糖 7.5kg，熟花生仁 4kg，熟芝麻 1.5kg。

2. 工艺流程

糯米→浸泡→磨粉

↓

甘薯→蒸熟→去皮→捣烂→混合→蒸熟→揉捏→切丝→干燥→油炸→上糖浆→成型→包装→成品

3. 操作要点

（1）原料处理　将糯米浸泡 12h，将米沥干，磨成粉。甘薯上锅蒸熟，剥去皮后切成小块，或捣烂。

（2）混合　将甘薯与糯米粉在案板上混合均匀，装入盆中压实，切成 4～5cm 见方的小块，上笼 20～25min 蒸熟。

（3）揉捏　将熟料趁热放入石臼中舂至揉捏均匀（石臼内预先擦一层植物油，以防粘连），直到没有甘薯硬块的时候取出，装入盆内压成坯块。

（4）切丝、干燥　将坯料切成 6～7cm 大小的块，再切成 3～4cm 的片，最后切成 6～7cm 的丝，阴干。

（5）油炸　油温 170～180℃，将薯丝炸成表面微黄，用手能折断时立即起锅。

（6）上糖浆　绵白糖、饴糖加少量水加热溶化后过滤，再下锅熬至 128～130℃。在熬好的糖浆中倒入油炸薯丝及熟花生仁，拌匀。

（7）成型　拌好的料倒入案板上木框中，压紧、压平，最后用刀切成方块即成。木框长宽各 50cm、高 2.5cm，使用时木框内侧抹一层熟油，在案板上铺上一层熟芝麻，以防粘连。

（8）包装　产品先用糯米纸包裹，然后分装到薄膜袋内，用封口机封口，即为成品。

二、糖蘸豆

1. 原料配方

　　　　生黄豆 2.5kg，绵白糖 3kg，饴糖 250g，擦锅油适量。

2. 工艺流程

　　　　炒豆→熬糖→一次淋糖→二次熬糖→二次淋糖→三次熬糖、淋糖→冷却→成品

3. 操作要点

　　（1）炒豆　将颗粒均匀饱满的黄豆，用净沙炒熟，筛去沙，冷却酥脆，放在擦了油的锅里待用。

　　（2）熬糖　1/3 的绵白糖和 1/3 的饴糖，加少量清水，在火上进行熬糖，熬至 110℃时，将糖浆离火。

　　（3）一次淋糖　将熬好的糖浆缓缓淋入熟黄豆里，边淋边摇动黄豆，使之粘糖均匀。

　　（4）二次熬糖　再取 1/3 绵白糖和 1/3 饴糖，加少量清水进行熬制，熬到 120℃左右时，便将糖浆离火。

　　（5）二次淋糖　将熬好的糖浆如第一次淋糖那样，进行第二次淋糖。

　　（6）三次熬糖、淋糖　如上两次，将剩余的 1/3 绵白糖和 1/3 饴糖进行熬制和淋糖，熬糖温度为 130℃。

　　（7）冷却　将经过 3 次淋糖的黄豆，进行自然冷却，即为成品。

三、黄豆酥糖

（一）方法一

1. 原料配料

　　　　按黄豆 5kg、熟面粉（蒸熟或炒熟）1.25kg、白砂糖 3.75kg、饴糖 2kg 的比例配料。

2. 工艺流程

制粉→制坯→制糖→成品

3. 操作要点

（1）制粉　将黄豆淘洗干净，去掉泥沙和杂质，用锅炒熟，研磨成豆粉。然后将豆粉与熟面粉、白砂糖混合放入石臼内，用木棒捣烂过筛。

（2）制坯　将饴糖置于铜锅内，用文火煎熬，除去一部分水，使之变得黏稠（以用木棒蘸少许溶液能拉起丝为宜）。如遇冷却，可将饴糖倒入缸内放置于热水中保持温热。

（3）制糖　将豆粉炒热，取出 500g 撒在台板上，再取 250g 热糖浆倒在撒粉的台板上，在其表面撒熟粉，用擀筒压薄成正方形，再撒一层粉，将酥坯两面对折，用擀筒压薄，然后再放熟粉，如此重复折叠 3 次，最后用手捏成长方条，用一米多长的木条轧紧压实，切成 1cm 宽的小块，用纸包好，即为成品。

4. 注意事项

① 一是宜在春秋季制作，如在冬季制作，室温要在 15℃ 以上，操作室温度过低很难做好。

② 二是糖骨子要熬得适中，若太老不易擀开，太嫩则糖皮易烂。

（二）方法二

1. 原料配方

干黄豆及炸油各 1kg，鸡蛋 4 个，干淀粉 500g，白砂糖 800g。

2. 工艺流程

浸泡→裹粉→油炸→炒糖、搅拌→成品

3. 操作要点

（1）浸泡　将黄豆挑除杂质，洗干净后加清水泡胀，沥干。

（2）裹粉　沥干水分后，打入鸡蛋，拌匀后，加干淀粉，用手揉搓，以使黄豆均匀地裹上一层淀粉。

（3）油炸　将裹上淀粉的黄豆倒入八成热的油锅内，炸至金黄色时，捞出，沥去油。

（4）炒糖、搅拌　将炒锅烧热，加清水 400mL，水开后下白砂糖。将糖炒至色变黄时，迅速倒入炸黄豆并搅拌均匀，然后倒在案板上，摊匀，冷却后即可食用。

四、饴糖浆豆酥糖

1. 原料配方

黄豆 5kg，面粉 1.25kg，绵白糖 3.75kg，饴糖 2kg。

2. 工艺流程

黄豆→精选→沙炒→磨粉→混合（加熟面粉、绵白糖）→熬糖→成型→包装→成品

3. 操作要点

（1）原料处理　选用颗粒饱满、大小均匀、干净黄豆为原料。经精选去除霉变、虫蛀、破碎颗粒以及其他杂质。然后将精选的黄豆沙炒至熟，过筛去沙粒，冷却后磨成豆粉。

（2）蒸面　将面粉蒸熟，晾凉。

（3）混合　将熟面粉、熟豆粉和绵白糖混合，用木杵捣匀，过筛。

（4）熬糖　将饴糖在锅中熬至黏稠。起锅后装入容器，放置在热水中，以保持饴糖浆温度。熬糖时应避免焦煳。

（5）成型　先取混合粉约 0.5kg，均匀撒在台案上，再取约 0.25kg 饴糖浆撒在混合粉上，再在饴糖浆上撒一层混合粉，然后用擀面棍将其擀成长方形。再在饴糖片中间约 2/3 面积上均匀撒上一层混合粉，然后将未撒混合粉的 1/3 饴糖片折叠在撒好混合粉的一面，再翻折在另 1/3 上，将饴糖片折叠成 3 层。再取约 0.5kg 混合粉，按上述方法再做一次，如此反复3 次后，用手将糖捏成长形，再用木板轧紧、轧实，成为约 1.7cm 厚的糖块，再切成四方形小糖块。在成型过程中，车间温度要保持在 20℃以上。

（6）包装　为了防止产品返潮，应选用塑料袋包装，并将其放在底层装有生石灰的木箱中。

五、砂糖浆豆酥糖

1. 原料配方

白砂糖 65kg，熟豆粉 35kg，柠檬酸 20g。

2. 工艺流程

白砂糖→化糖→熬糖→拔白→拔泡→切分→成型→包装→成品

黄豆→沙炒→磨粉→过筛

3. 操作要点

（1）原料处理　选用颗粒饱满、大小均匀、干净的黄豆为原料。经精选去除霉变、虫蛀、破碎颗粒以及其他杂质。然后将精选的黄豆沙炒至熟，过筛去沙粒，冷却后磨成豆粉，过筛。也可先将精选的黄豆粉碎，再将豆粉炒熟。在炒豆粉时，要掌握好火候，防止焦煳及生熟不均匀。

（2）熬糖　将白砂糖和适量清水投入锅内加热煮沸，再加入柠檬酸，继续用旺火熬煮到温度达 165℃，停止加热。

（3）拔白　将熬好的糖浆倒在有冷却水装置的台案上或石板上冷却并折叠，至软硬合适时停止。

（4）拔泡　将冷却适宜的糖放在拔泡机上拔泡，拔 20～25 次，拔至糖发白，但不要太泡。也可用木棍进行人工拔泡。

（5）切分　将拔好的糖拽成直径为 2cm 左右的长条状，再切分成 8cm 左右长的糖块。

（6）成型　将适量的熟豆粉在锅内用微火加热至 50℃ 左右，再用两手捏住糖块两端在豆粉中拽拔、对折，反复拽 9～10 次，使豆粉均匀地裹在糖中，然后将拽好的糖条对头拧花，放在台案上用木板压成块即可。拽拔时动作要迅速，以免糖块过冷而不易拽拔；豆粉的温度也不宜太高或太低，太热糖易返砂，太冷则糖易变硬，不便拽拔。

（7）包装　将做好的糖块冷却，清理干净表面的豆粉，即可进行包装。

六、油酥米花糖

1. 原料配方

糯米 22kg，猪油 7.3kg，白砂糖 11kg，白砂糖粉 10kg，饴糖 6.6kg，清水（熬糖浆用）3.5kg。

2. 工艺流程

糯米→制米干→油炸→套糖→成型→包装→成品

3. 操作要点

（1）制米干　精选纯净大颗粒糯米，用清水浸泡浸透。入笼蒸熟，晒干备用。

（2）油炸　猪油入锅加温，待油温升到 160℃ 左右把蒸熟晒干的糯米分若干次投入油锅炸泡，但糯米要保持白色。捞出、滤油、冷却。

（3）套糖　白砂糖 11kg 加清水 3.5kg 加温熬化，加入饴糖熬到拔丝起锅，然后倒入炸好的糯米花拌和均匀即可。

（4）成型　木框置于台板上，及时定量倒入已套好糖浆的糯米花，铺平稍压紧，均匀地撒上白砂糖粉（糖太干燥时，可撒些凉开水）。

（5）包装　将米花糖铺开均匀，压平压紧，切块，去框，包装后即为成品。

七、桂花米花糖

1. 原料配方

糯米 80kg，白砂糖 30kg，饴糖 16kg，油 28kg，绵白糖 19kg，桂花少量。

2. 工艺流程

糯米→制米干→爆米花→熬糖浆→成型→包装→成品

3. 操作要点

（1）制米干　将糯米淘净，水浸 7～8h，捞出后蒸成黏米饭，然后晒干，要干透，同时将黏结成块的搓成散粒。

（2）爆米花

① 沙炒法　将沙子筛选洗淘，除去粗粒和细末，选比米粒略小的均匀沙粒，将此沙粒用豆油拌炒，使沙粒表面光滑，将处理好的沙粒放入锅中炒热后投入米干，用急火拌炒，爆花后及时出锅，筛去沙粒。

② 油炸法　油放入锅中烧至 180℃左右，投入米干，爆成米花时迅速捞出。防止炸焦和爆花不良。

（3）熬糖浆　白砂糖和水放入锅中加热，开锅后，加入饴糖，熬到116～120℃即可，温度应视气候情况掌握，冬季低些，夏季高些。

（4）成型　将米花倒入熬好的糖浆内，拌和均匀，然后铺入模框内压平，厚约 3.5cm，再在上面铺一层绵白糖，撒些桂花，用刀切成长 5cm、宽 1.8cm 的长方块，即为成品。

（5）包装　用透明纸逐个包装，密封。

八、乐山芝麻油米花糖

1. 原料配方

糯米 12.5kg，白砂糖 20kg，花生仁 6.25kg，饴糖 7.5kg，白芝麻3.75kg，熟猪油 7.5kg。

2. 工艺流程

选米→泡米→蒸米→晾米→炒米→熬糖→拌和→成型→包装→成品

3. 操作要点

（1）选米、泡米、蒸米　用竹筛筛去半截米和碎米，选出颗粒均匀的糯米。然后放入清水淘洗，浸泡 12h，捞起沥去水珠，用甑子加热蒸熟、蒸透即可。

（2）晾米、炒米　将蒸好的糯米倒在晒垫上铺开，摊晾阴干（切忌太阳暴晒和高温烘烤）。然后将阴干的糯米放入锅内小火焙制，边焙制边下糖水（每 100kg 用糖水 5kg，糖∶水比例 1∶10）。至糖水下完，阴干的糯米发脆，起锅后捂封 4～5min。再将制过的河沙倒入锅内，以猛火将米炒爆。筛去河沙，备用。

（3）熬糖、拌和　把白砂糖、饴糖、熟猪油倒入锅内，加热熬化，同时搅拌均匀成糖浆，另外把花生仁炒酥脆，去皮和胚芽，选瓣大、色白的备用。将熬制糖浆的铁锅端离炉火，加入爆米花和花生仁，拌和均匀立即起锅。将脱壳炒脆的白芝麻铺在板盆上，再把拌好的爆米花和花生仁配料倒入板盆，趁热用木制滚筒擀薄压平。

（4）成型、包装　成型后切条，进行包装。

九、五仁米花糖

1. 原料配方

糯米 47％，白砂糖 15％，饴糖 15％，熟猪油 16％，花生米 3％，葵花籽仁 1％，南瓜子仁 1％，核桃仁 1％，熟芝麻 0.7％，香草粉 0.3％。

2. 工艺流程

糯米→清洗→浸泡→晒干→爆花→沥油→制糖浆→混合→上模→上红丝→成型→包装

3. 操作要点

（1）清洗、浸泡　将糯米洗净后在清水里泡透，夏季要泡 7h，冬季要多泡 1～2h。捞出后，沥去水分蒸熟，再晒干。将结成块状的搓散，晒得越干越好，最后成为米干。

（2）爆花　将熟猪油放入锅中烧滚，再将米干倒入锅中，每次放入的米干，不要超过油量的 1/3。爆成米花后，米花即浮出油面，速用漏瓢捞出，沥去多余的油。要特别注意不要爆黄，更不要爆焦。

（3）制糖浆　将砂糖放在锅内，加入水量约为白砂糖量的 1/6，烧开后掺入饴糖，熬成糖浆。熬时注意糖浆的黏度，一般以冷却后变脆硬为好。夏季黏度可高些，冬季黏度可低些。

（4）混合、上模　糖浆熬好以后，将米花、五仁（花生米、葵花籽仁、南瓜子仁、核桃仁、熟芝麻）、香草粉放入。拌匀后倒进模，用滚筒压平。

（5）上红丝、成型　将白砂糖撒在表面，为 2mm 左右厚，再用滚筒压平，上面也可再撒些桂花或青红丝作为装饰，用刀切成长方块即成。

（6）包装　用透明纸逐个包装，密封。

第二节　麻糖食品

一、广西芝麻糖

1. 原料配方

芝麻 11.5kg，白砂糖 10kg，45°Bé 麦芽糖 3kg，熟猪油 600g，清水 2.7kg。

2. 工艺流程

芝麻→淘洗→晾干→炒制→熬糖→拌和→成型→切块→冷却→包装→成品

3. 操作要点

（1）炒芝麻　选新鲜饱满的芝麻（黑芝麻或白芝麻），先用筛过几遍，把沙粒除净，再用磁石探检一遍，防止铁质杂物混入。用清水淘洗干净后，倒在簸箕上摊开晾干，最后用慢火炒熟备用。

（2）熬糖　将白砂糖、清水倒入锅中，加热溶解，再加入麦芽糖猛火煮沸，过滤一遍，把糖液中的杂质除净。糖液回锅熬煮，煮至 145℃，见糖浆发脆时立即端锅离火。

（3）拌和、成型　糖浆熬好端锅之后，马上将熟芝麻投入糖浆中，迅速搅和拌匀便成糖坯。将糖坯倒在预先装有格板的案板上，擀匀抹平。

（4）切块　待其凝固定形并用手触不烫时，用薄刀切成条状，再根据规格大小要求切成小块。

（5）包装　完全冷却后经包装即为成品。

二、蜂蜜麻糖

1. 原料配方（按 50kg 成品计）

特制粉 21.5kg，白砂糖 15.25kg，上等蜂蜜 4kg，花生油 9.5kg，芝麻油 9.5kg，饴糖 3kg，桂花 250g。

2. 工艺流程

面团调制→压片→网花成型→炸制→上浆→冷却→包装→成品

3. 操作要点

（1）面团调制　先将白砂糖加水溶化，然后加入面粉和成较硬的面团，再多次加水，反复搅拌成筋性好、软硬适度的面团。把面团分成 500g 左右的块，醒发 1h 左右。

（2）压片　先将醒好的面团擀成直径约 0.5m 的底片，每擀一遍都要均匀撒上浮面，第三遍擀开撒浮面后，将两边对折成扁筒状，用擀面杖卷紧，擀、拍、抖、滚，经二次掉头，擀到五遍后，即成长 2.7m、宽 2m 的薄如纸的面片。这道工序要求在 3～4min 内完成，否则易使面片风干。将面片卷在擀面杖上提起，迅速转动放开，使空气鼓进筒内，将浮面抖出，同样，掉头再抖净另一半浮面。注意保持面片完整。然后摊开面片，两边各切去 0.3m，铺在大片上，再把大片卷在"花杠"上。

（3）网花成型　将卷在花杠上的面片破成面条，每条宽约 1cm，15～17 层，再把每条斜剁成 3cm 宽的菱形 35 块，每块中间剁一切口翻卷一端网花，即成生坯。

（4）炸制　先将花生油炼好后加芝麻油，再放入生坯炸制约 7min，其间要翻动一次，待炸成金黄色时起锅、控油。

（5）上浆　白砂糖加适量水溶解熬成浆，熬好后加入桂花、蜂蜜、饴糖，进行搅拌，然后分两次上浆，即为成品。

（6）包装　冷却后包装。

三、滨州芝麻酥糖

1. 原料配方

白芝麻 15kg，白砂糖 5kg，芝麻油 500g，明矾 50g，饴糖 500g，糖木樨 10g，味精 5g。

2. 工艺流程

炒芝麻→压碎→熬糖→拉条→拔丝

3. 操作要点

（1）炒芝麻　芝麻洗干净后用筛子筛芝麻，过滤掉不合格的芝麻和残留的杂质；用清水再一次漂洗，晾干炒熟压碎后，盛放在特制炉具平锅内待用（锅底用煤球火，温度应保持恒温 60～80℃）。

（2）熬糖、拉条　将白砂糖、芝麻油、饴糖、糖木樨、味精、明矾和适量水投入不锈钢平底锅内，用微火熬 20min，温度在 250～300℃之间，待糖浆表面成焦黄色，沸腾呈金花状，立即倒在擦油石板上，用两根竹棍挑起，反复拉伸搅条，拉成白色顺丝为佳。

（3）拔丝　将拉好的糖坯迅速投放至芝麻锅内。从糖坯上取下一块，用食指从每小块中心穿一个孔。两手反复旋转拔丝。随翻随蘸芝麻，快速达到拧花成型，每块均匀拉 10 根丝左右，摆到盘内低温晾透，用玻璃纸包装。

四、孝感麻糖

1. 原料配方

白砂糖 10kg，糯米饴糖 30kg，熟芝麻仁 23kg，芝麻油 100g。

2. 工艺流程

熬糖→拉白→拌麻→切片→冷却→包装→成品

3. 操作要点

（1）熬糖　白砂糖加适量水放入锅内烧溶，再加入饴糖，熬制时不停地沿锅底搅动，以免烧焦。待糖浆熬到140～145℃，将锅端离炉火，倒在台板上冷却。

（2）拉白　待糖浆不烫手即可用拉白机拉白。

（3）拌麻　拉白糖膏放入盛有熟芝麻的箩中让其粘满芝麻。

（4）切片　将麻糖坯搓成圆条放在麻糖机上切片。

（5）包装　冷却后包装即为成品。

五、糯米芝麻糖

1. 原料配方

糯米25kg，麦芽1.5kg，芝麻0.5kg。

2. 工艺流程

浸泡→蒸米→发酵→过滤→熬煎→搭糖→切糖

3. 操作要点

（1）浸泡　先将糯米淘洗干净，用清水浸泡8h，然后用清水漂洗干净，沥干水分。

（2）蒸米　将沥干水分的米盛到蒸笼里，用旺火蒸1.5～2h，蒸至米饭熟而不烂即可。

（3）发酵　先在木桶四周垫上干稻草，然后把水缸放入，使水缸不能转动，即成为保温水缸。将米饭倒入保温水缸，再倒入30℃的温水40kg，用竹板条不停地搅拌，然后将事先打碎的麦芽倒入，不停地搅拌，直搅至手捏无黏液即可，用手抹平，再倒入2kg开水盖面，用蒲包盖严缸口，再加盖稻草压紧，绝不可漏气。经8h后打开，即可闻到糖香味，米饭像糖水一样，手捏米饭只剩下米皮渣，表示发酵完毕。

（4）过滤　将篾筛放在压糖架上，把缸里的糖水盛在篾筛里，压出糖水，取出糖渣。

（5）熬煎　把糖水放入两口大锅内，先用旺火把糖水烧至120℃保持火力，煎至锅里糖水面出现米筛花时，再用文火，防止外溢。由于水分不断蒸发，两口锅中都只剩半锅糖水，此时可以并在一个锅里煎，当煎至锅里糖水出现海浪花时，糖水的水分很少了，已成糖浆，此时火力更要小，以免烧糖影响糖的质量和数量。同时用筷子在锅里挑"糖旗"，测试是否可以上锅，如能挑起"糖旗"50cm 不断，说明浓度合适，即可起锅。注意：起锅不能过早或过迟，过早糖太嫩不能成型，过迟糖太老影响糖的品质。

（6）搭糖　将煎好的糖浆分别装入三个盆里冷却，当糖浆冷却至用手拿起不掉时，拿出在糖钩上来回拉长数次，并蘸上已准备好的炒熟芝麻，经多次拉搭可使糯米芝麻糖雪白明亮。

（7）切糖　拉搭完毕，速把糖放到案子上并撒上少量面粉，使糖粘上面粉，然后把糖切成 20cm 长的段，再拉成拇指大小的条子，切成 2cm 长，即为成品。切糖时，用一根长 50cm 的绳子，一端固定在墙壁上，左手拿长糖条，右手拿绳子绕上糖条用力一拉，糖切得既快又好看。糖切好后撒些米粉或面粉，以防黏结。

六、交切芝麻糖

1. 原料配方

芝麻 23kg，白砂糖 10kg，糯米饴糖 30kg，食用油 100g。

2. 工艺流程

芝麻预处理→熬制→搅拌→压条→切片→成品

3. 操作要点

（1）芝麻预处理　将选好的新鲜、洁净、无污染的芝麻，浸泡在净水中，浸泡时间的长短，视气温和水温而定，以芝麻充分吸水膨胀为度；然后，淘去泥沙，捞起晒干；再放入锅中用火焙炒，待芝麻炒至色泽不黄不焦、颗颗起泡时停止，经过冷却，用手轻轻搓动，使皮脱落，并用簸箕簸去皮屑。

（2）熬制　先用中火加热煮沸，并不断搅动，防止焦煳，当糖浆煮沸后，改用文火，熬至糖浆液面升高或小泡欲穿时，可用拌铲挑出糖液观察，如冷却后折断时有脆声，即可停火。

（3）搅拌　要边向锅中倒芝麻边搅拌糖液，力求迅速搅拌均匀。然后，将拌和的芝麻糖坯一起从锅中舀入擦好油的盆内。

（4）压条　将盆中的芝麻糖坯在稍微冷却后，移至平滑的操作台上，经拔白、扯泡，用手做成截面像梳子形的椭圆形糖条。

（5）切片　切片的厚度要均匀一致，每片约 0.4cm，每公斤切成 90～100 片。切后经冷却、整形，即可用塑料袋密封包装，盛入盒中食用或销售。

七、片式芝麻糖

1. 原料配方

芝麻 2kg，白砂糖 15kg，饴糖 12.5kg，花生仁 7.5kg，熟猪油 1.5kg。

2. 工艺流程

炒花生→芝麻去皮→熬糖→拌和→成型→切块→包装→成品

3. 操作要点

（1）炒花生　花生仁经精选后炒脆，去除红衣备用。

（2）芝麻去皮　芝麻用清水淘洗，去除皮屑等杂质用清水浸泡一昼夜，沥去水置于容器内，用杵舂捣，再用水冲淘去尽其表皮，炒熟后备用。

（3）熬糖　白砂糖放入锅内，用清水 3.5kg 加热煮沸溶化，用蛋清提纯去除杂质后下饴糖，饴糖溶化后再过滤一次，熬制到 120℃ 左右时下熟猪油，继续熬制至 135℃ 时停止。

（4）拌和、成型　糖浆熬好后，将芝麻、花生仁同时倒入锅内，经迅速拌和后再倒在台板上摊开擀平，使四周整齐。然后开条、切块成型。

（5）包装　冷却后包装为成品。

八、麻酥糖（苏式）

1. 原料配方

黑芝麻 10kg，绵白糖 16kg，饴糖 2kg，面粉 7kg。

2. 工艺流程

        制麻屑→熬糖骨子→成型

3. 操作要点

    （1）制麻屑　分别将黑芝麻、面粉炒熟，然后加入绵白糖拌匀打成粉，过筛备用。

    （2）熬糖骨子　将饴糖放入不锈钢锅，用文火煎熬，除去部分水分，用棒蘸取糖液，能拉出丝即可。

    （3）成型　在台板上撒一层麻屑。取 0.65kg 糖骨子放在铺满麻屑的台板上。糖骨子上面撒一层麻屑，用滚筒压成薄片，再撒一层麻屑，将坯两面对折，用滚筒压薄。然后再撒麻屑，如此反复进行 7 次。然后卷成细长条，用木条板夹紧压实，成长方条，切成小块，用纸包好，即为成品。

九、玉米麻秆糖

1. 原料配方

        玉米面 25kg，淀粉酶 50g，熟芝麻适量。

2. 工艺流程

        配料→糖化→拉糖→成品

3. 操作要点

    （1）糖化　将玉米面和淀粉酶混匀加入铁锅，加入冷水 53kg，搅拌至无疙瘩时，用火熬成粥。将熬熟的玉米粥舀入大缸内，加入冷水 23kg，粥温降至 70℃时，再加入化开的 50g 淀粉酶，然后搅拌使其糖化。糖化温度保持在 60℃，糖化 3 小时。

    （2）拉糖　将糖化后的玉米粥过滤，将滤汁倒入另一锅中用急火熬至变稠，当翻滚的粥汁呈鱼鳞状时改用慢火，停火将糖稀倒入一个平底锅（容器）中，将平底锅（容器）放入一个更大的盛有冷水的容器中，使其迅速冷却。当糖稀冷却至不烫手时，从锅中取出拉长，将拉长的糖稀绕在淋过油的木桩（或不锈钢棍）上，分别用双手抓住反复拉扯，使其由褐色变成白色，成为传统的灶糖。

（3）成品　将拉好的灶糖放在案板上，用刀切成条状，再滚上事先炒熟的芝麻，即可成为麻秆糖。

第三节　软糖食品

软糖类产品的加工制作是利用一些亲水性胶体，在一定条件下由溶胶状态转变为凝胶状态的特性。形成凝胶这种特性的原理主要是胶体从溶胶状态转变为凝胶状态时，胶团与胶团间结合成许多长链，长链相互交错无定向地组成空间网络结构。这种网络结构就构成了凝胶的极复杂的骨架。由于在网络交界处形成很多空隙，并吸附了很多水分子，因此就形成了一块柔软的、膨大的胶冻。

如果在形成凝胶的同时加入浓度较高的糖浆或其他可溶性固形物，则糖和水分子可以均匀紧密地填满凝胶中错综复杂的网络空隙处，形成一种非常稳定的含糖或其他可溶性固形物的凝胶，它在一定的压力下也不会变形断裂。

各种胶体形成凝胶的条件是不同的，与胶体的品质、原材料的纯度、溶液的pH、糖浆或可溶性固形物的浓度、冷却的温度和速度，以及加工程序的先后与合理性等都有关。

一、高粱饴糖

1. 原料配方

白砂糖 1.1kg，淀粉 200g，柠檬酸 1g，水 700mL，香精和色素适量。

2. 工艺流程

原料处理→熬制→成型→冷却→切块→成品

3. 操作要点

（1）原料处理　将淀粉 200g 和白砂糖 200g、水 200mL 先行溶化加热至 60℃（将容器在水浴中进行加热），然后利用纱布进行过滤。

（2）熬制　在对上述原料进行处理的同时，将配方中的另外 500mL 水煮沸，徐徐加入淀粉和白砂糖溶化的糖浆中，并不断搅拌，冲成黏稠的淀粉糊状，然后加入其余的白砂糖，加入柠檬酸粉末 1g（将柠檬酸研成粉末），不停搅拌使之溶化后，放入铝锅中加热熬煮，并用锅铲不断搅拌，避免煳锅。熬煮 30～40min 使水分蒸发，一直到锅中不冒蒸汽为止（或用一根筷子蘸一些糖浆，放在冷水中冷却，结成硬块即可）。

（3）成型　将锅离火，加入 6～8 滴杨梅香精或橘子香精，将食用色素（红或橘红色）溶液放入 4～6 滴，搅拌均匀后，倒在撒有淀粉的木框中或案板上进行成型，木框高 1.5cm。

（4）切块　将上述冷却成型的糖果用刀切成长 3cm、宽 1cm 的长方形小块即可。

二、芝麻桃片糖

1. 原料配方

核桃仁 2kg，芝麻 3.5kg，白砂糖 1.5kg，麦芽糖 1.5kg，水 2000mL，植物油 400mL。

2. 工艺流程

炒制→熬糖→成型→切块→包装

3. 操作要点

（1）炒制　将芝麻浸入水内，去掉杂质与皮屑，捞出沥水，趁湿碾轧脱皮，碾轧后及时放入锅内炒制，炒时要掌握火候，不停地翻动，使受热均匀，水分蒸发，炒熟呈乳白色，不焦煳，炒熟后吹去皮屑。选用优质核桃，掰碎，入烤箱 175℃ 中层烤 10min。

（2）熬糖　把清水倒入锅中，白砂糖和水倒入锅中，加麦芽糖不停搅拌，煮至糖水发泡，加入植物油，并用锅铲搅动锅底，小火熬煮，直至融化成琥珀色糖浆。

（3）成型　事先准备好的芝麻、核桃，投入糖浆中，迅速搅和拌匀便成糖坯，立刻倒入事先准备好的模具中，擀匀抹平。

（4）切块　待其凝固定形并用手触不烫时，用薄刀切成条状，再根据规格大小要求切成小块。

（5）包装　冷却后包装即为成品。

三、芝麻花生片糖

1. 原料配方

　　　花生 5kg，糯米花 5kg，米糖 5kg，红糖 3kg，芝麻 2.5kg，黑芝麻 2.5kg，水 2000mL。

2. 工艺流程

　　　炒制→熬糖→成型→切块→包装

3. 操作要点

　　（1）炒制　用清水将芝麻浸泡清洗干净，捞出沥水，趁湿碾轧脱皮，碾轧后及时放入锅内炒制，炒时要掌握火候，不停地翻动，使受热均匀，水分蒸发，炒熟呈乳白色，不焦煳，炒熟后吹去皮屑。选用新鲜饱满、无霉变、无虫蛀的优质花生，花生炒熟后去皮，糯米花炒熟。

　　（2）熬糖　把清水倒入锅中，加入红糖 3kg 和米糖 5kg 熬制，熬到糖液温度升至 150℃左右，并用锅铲搅动锅底，取两滴糖液滴入在清水里不会散即可。

　　（3）成型　将炒制好的芝麻、花生、糯米花倒进去炒匀，立刻倒入事先准备好的模具，压实。

　　（4）切块　切块的大小要均匀一致。

　　（5）包装　冷却后包装即为成品。

四、松子麻片糖

1. 原料配方

　　　芝麻仁 40kg，白砂糖 34kg，淀粉饴糖 16kg，松子仁 5kg，芝麻油 2kg，红丝 2kg，奶油适量。

2. 工艺流程

　　　原料处理→熬糖→拌芝麻→压片→切片→冷却→包装→成品

3. 操作要点

(1) 原料处理　用清水将芝麻浸泡清洗干净，捞出沥水，趁湿碾轧脱皮，碾轧后及时放入锅内炒制，炒时要掌握火候，不停地翻动，使受热均匀，炒熟呈乳白色，不焦煳，炒熟后吹去皮屑。松子仁用微火炒熟即可。

(2) 熬糖　将白砂糖入锅加清水适量，待加热溶化后加入淀粉饴糖，加热至沸点，再加入部分奶油，文火熬制，至糖液温度升至150℃左右时，将剩余奶油全部加入，搅拌均匀，即可端锅离火。

(3) 拌芝麻　糖熬好前加入芝麻油，将芝麻仁预先置于簸箩内（芝麻温度应保持30～40℃），呈现盆状，将熬好的糖及时倒入。并放入松子仁，用竹筷搅拌，边搅拌，糖糕逐渐凝固，然后用手揉叠混入芝麻，糖和芝麻混合适度后再混入红丝。

(4) 切片　移到案板上继续揉搓成直径为3.5cm的长条，再用宽3.5cm的长木板两片将糖夹成三角形条，再用快刀横切成厚2～2.5mm的三角形薄片，随切随拨开，防止粘连。

(5) 包装　冷却后包装即为成品。

五、牛皮糖

1. 原料配方

白砂糖16kg，面粉5.7kg，芝麻5kg，饴糖21kg，芝麻5kg，猪油2.75kg，桂花0.75kg。

2. 工艺流程

炒芝麻→制粉浆→熬糖→拌和→成型→冷却→包装→成品

3. 操作要点

(1) 炒芝麻　将芝麻浸入水内，去掉杂质与皮屑，捞出沥水，放入锅内炒制。炒时要掌握火候，不停地翻动，使受热均匀，不焦煳，炒熟后吹去皮屑。

(2) 制粉浆　将面粉放入容器中，取冷水19L逐渐加入，同时用铁铲不断地搅动调成粉浆，再用筛滤去粉渣，备用。

（3）熬糖　将白砂糖与1kg的猪油投入锅中，加冷水7L进行加热。待水沸、糖溶后，倒入制好的粉浆一同熬制。熬制大约45min以后，为薄浆糊状时，倒入饴糖继续熬制。再熬制1h，然后加入剩余的1.75kg猪油，继续熬约30min。起锅前，拌入糖桂花。整个熬制阶段，须用铁铲沿锅底不断地搅动，防止熬焦、熬煳。

（4）成型　在铁盘中（或台板上）撒上一薄层芝麻，将糖液倒在芝麻上面，再在糖液上撒一层芝麻。注意：撒芝麻时，尽量撒均匀。待糖温降低（冬季约30min，夏季约1h，也可用凉风加速冷却或直接在冷却台上操作），用擀筒压成厚约0.8cm的薄片，然后再切成宽约19cm的长条。糖条切好后，两侧向内叠进约1/4，再对折起来成为4层厚的长条形，取模板3块，将糖条的两侧和上面轧紧，使其平整而有棱角，再用刀切成块，厚约0.7cm，外包玻璃纸即为成品。

六、酒香膨化糖

1. 原料配方

大米500g，饴糖400g，生姜50g，植物油50g，干辣椒30g，花椒20g，八角10g，20%的乙醇1L，蔗糖酯20g，白砂糖20g，柠檬酸0.5g，水350mL。

2. 工艺流程

大米→乙醇溶液浸泡→炸制膨化→熬糖→拌糖→成型

3. 操作要点

（1）乙醇溶液浸泡、炸制膨化　蔗糖酯放入乙醇溶液中搅拌溶化后，投入香辛料，然后投入大米浸泡24h左右。于180℃油炸膨化物料。

（2）熬糖　将白砂糖、饴糖、柠檬酸置于铜锅内熬煮，加入植物油。熬糖加水一般为白砂糖量的30%～40%。

（3）拌糖、成型　炸好的料坯迅速投入糖浆中，然后压成1cm厚的薄饼，切成1.5cm×3cm的小块或条片。

七、碎果仁软糖

1. 原料配方

白砂糖 80kg，饴糖 80kg，奶油 2.5kg，猪油 2.5kg，花生米 3.5kg，奶粉 1.5kg，淀粉 2kg，食盐 1kg，香草粉 50g。

2. 工艺流程

粉碎花生→糖化、熬炼→加淀粉搅拌→拌猪油、奶粉及其他→离火→调入奶粉→放冷却台→压片→切条切块→成品

3. 操作要点

（1）粉碎花生　精选颗粒饱满、无霉变、无虫蛀的花生作原料。将花生炒熟后粉碎成绿豆大小的碎粒备用。

（2）糖化、熬炼　将白砂糖放入锅内，加水煮化开，过滤入熬糖锅内，加入饴糖和食盐，熬至 123～124℃。

（3）加淀粉搅拌　将淀粉均匀加入糖锅中。注意糖浆与淀粉要搅匀，操作时应迅速，以免煳锅。

（4）拌猪油、奶粉及其他　糖浆变稠后迅速加入奶油和猪油，搅拌均匀后离火，再加入奶粉，搅拌均匀后倒在冷却台上，稍凉后放入碎花生，铲拌，同时拌入香料，铲拌均匀。

（5）压片、切条切块　冷却后，用压条机压片、切条、切块。

八、桂花皮软糖

1. 原料配方

白砂糖 50kg，玉米淀粉 10.7kg，柠檬酸 80g，鲜桂花 1.34kg，桂花香精油 71mL。

2. 工艺流程

浸泡→熬炼→擀片→冷却→切块→成品

3. 操作要点

（1）浸泡　用18kg清水将玉米淀粉浸泡40～50min，注意中间要搅拌几次，然后静置沉淀后去除上层水，再加入清水18kg调成淀粉浆进行过滤（120目）。

（2）熬炼　加入柠檬酸和白砂糖20kg进行加热搅拌调制，至为糊状后，停止加热，投入熬糖锅进行熬糖，熬糖时将剩下白砂糖分数次加入。待熬糖制液温度达110～117℃时，加入桂花和桂花香精油，搅拌均匀，熬制片刻后即可出锅。

（3）擀片　出锅前先在案台上均匀地撒上一层白砂糖，以防粘底，然后进行擀片。

（4）冷却　用风机向糖片不断地吹风，以使其快速冷却变硬。待糖片冷却到软硬合适时，用开条机进行开条，继续冷却。

（5）切块　凉至适宜温度时，进行切块。

（6）成品　将糖片置入拌糖机中并洒上适量凉开水，倒入细砂糖进行拌砂，过筛后装即得成品。

第四章
瓜子花生休闲食品

第一节 瓜子休闲食品

一、甘草西瓜子

1. 原料配方

  西瓜子 100kg，生石灰 10kg，花生油 2kg，甘草 0.6kg，精盐 5kg。

2. 工艺流程

  原料选择→清洗→制甘草盐汁→炒制→浸泡→成品

3. 操作要点

  （1）清洗　将生石灰溶入水中，加水量以能浸没瓜子为限，倒入西瓜子浸泡 5h，然后捞出，用清水漂洗干净，备用。

  （2）制甘草盐汁　将精盐和甘草放入锅中，倒入 30L 清水，置于旺火上煮沸 20min，滤去甘草便可。

  （3）炒制　取铁锅加 0.8kg 花生油置于旺火上烧至八成热，倒入洗净的西瓜子不断翻炒，待西瓜子中水分快干时再加 0.6kg 花生油，改用文火翻炒至西瓜子热后，第三次加入 0.6kg 花生油，稍加翻炒即可离火。

  （4）浸泡　将炒好的西瓜子趁热倒入甘草盐汁中，盖上盖浸焖 1～2h即成。

二、五香西瓜子

1. 原料配方

西瓜子 100kg，桂皮 125g，茴香 62.5g，牛肉 100g，八角 250g，食盐 5kg，花椒 31.3g，生姜 125g，白砂糖 2kg，植物油 1kg。

2. 工艺流程

西瓜子预处理→配料→预煮→入味→烘烤→摊晾→包装→成品

3. 操作要点

（1）西瓜子预处理　原料除去杂质，剔出不能加工的西瓜子；将水灌入储槽中，再把石灰投入水中，充分搅拌溶解，待多余的石灰沉淀后，取澄清的石灰液注入另一储槽，再将筛选的西瓜子倒入石灰液中浸泡，浸泡时间 24h。经浸泡的西瓜子捞出盛入粗铁筛内，用饮用水冲洗干净，并去除杂质和质次的西瓜子。

（2）配料　按比例称取生姜、茴香、八角、花椒、桂皮，封入两层纱袋内，纱袋要宽松，给香辛料吸水膨胀时留出空隙。香辛料需要封装若干袋，以备集中煮制西瓜子使用。

（3）预煮　将浸泡清洗过的西瓜子倒入夹层锅内，再倒入 4 倍的饮用水。然后拧开夹层锅蒸汽阀煮沸 1h，捞出盛入铁筛中冲洗干净。

（4）入味　一夹层锅盛入饮用水 70L，加入 10％的食盐，并放入香辛料、牛肉，然后加入西瓜子，拧开夹层锅蒸汽阀煮沸 2h，此时需要经常添水至原容积。煮西瓜子使用的香辛料，1 份可煮两次，使用完取出另行处理。牛肉每次煮 1h 取出，1 份牛肉可连续煮 500kg 西瓜子。每次煮后，再补添水至原有的数量，并且添加 1％的食盐弥补消耗量。

（5）烘烤　煮出的西瓜子趁热拌入食盐和白砂糖，搅拌均匀。取洁净的竹箅，上面铺塑料编织网，将西瓜子均匀地撒在上面，每箅的西瓜子约 1kg。将装有西瓜子的竹箅送入烤房，排列在烤架上。烤房的温度一般为 70～80℃，烘烤约 4h。烘烤过程中还应经常启动排气机排潮，间隔 30min 排 1 次，每次 1～2min。

（6）摊晾　取出的西瓜子要集中拌入植物油，用量为原料的 1％，拌植物油时要用油刷充分搅拌均匀。然后送入保温库均匀摊开，晾至表面略干，即可进行包装。

4. 注意事项

瓜子油脂含量很高，经高温加工后特别容易产生氧化变质，所以生产瓜子必须采取综合措施，尽可能延长瓜子的保质期。首先应控制好后加工温度，在瓜子含水量高时可采用180℃左右高温，使水分尽快蒸发，瓜子含水量低于20%时烘烤温度应控制在150℃以下，至籽仁变硬时烤炒温度应降至110℃左右。当瓜子仁表面由灰白变为略见微黄时，应迅速下线或出锅，如发现瓜子"成色"已到，出锅后的瓜子应迅速摊开，以防余热使瓜子"成色"过火。延长瓜子保质期的另一措施是，加工时添加瓜子专用抗氧化剂。尤其是在高温季节生产的产品，必须放抗氧化剂。原因是黑瓜子上亮时，由于加入了油脂，又多了一种易氧化变质的物质。添加适量抗氧化剂其成本增加甚微，因为其添加量为万分之一左右，保质期则可延长3~8倍。瓜子的氧化变质是有条件的，如氧的存在、温度、湿度及光照等都是促使氧化变质的条件。所以，选择包装时应选择透气性差的，包装袋的视物透明孔应当小一些，产品摆放时不能有阳光直射，库房要干燥通风，高温季节应设法调节库内温度。烘烤后外加一定量食用油脂的目的是提高瓜子亮度和保持湿度且不容易返盐，但是由于瓜子皮壳密度低，隔氧能力差，所以更容易变质。

三、五香葵花籽

1. 原料配方

葵花籽100kg，花椒1kg，食盐10kg，八角2.5kg，大蒜1kg。

2. 工艺流程

葵花籽→清洗→浸泡→加香煮制→沥干→干燥→包装→成品

3. 操作要点

（1）清洗 用清水将葵花籽淘洗干净，将大蒜去皮拍碎，与花椒、八角一起装入小纱布口袋，扎住袋口。

（2）浸泡　把洗净的葵花籽和调料纱布袋一起放入盆内，再加入食盐和清水（水面淹过葵花籽），搅拌使食盐溶化，浸泡12h。

（3）加香煮制　将浸泡好的葵花籽和调料袋、盐水一起倒入锅中，用旺火煮沸20min，停火后再焖20min。然后把葵花籽捞出，沥净水分。

（4）干燥　再将葵花籽装入干净的纱布袋中，扎口放在暖气片或火炕上，缓缓烤干，也可以采用微火慢慢炒干或在阳光下晒干。但在干燥时要防止尘土污染，最好再盖上一层纱布，若采用自然干燥，不要堆得太厚，以免馊变。

四、五香奶油瓜子

1. 原料配方

生瓜子100kg，食盐5kg，八角25g，桂皮20g，良姜50g，甘草30g，茴香10g，白芍、丹皮、甜蜜素、明矾、香兰素、奶油香精等适量。

2. 工艺流程

制卤→炒制→蘸卤→包装→成品

3. 操作要点

（1）制卤　把各种配料下锅用清水煮沸，然后转微火熬成卤汁。卤汁要一直保持在微沸状态。其中八角、桂皮、茴香、白芍、丹皮要装入纱布口袋，这样既可避免碎料混入瓜子，又便于蘸卤。

（2）炒制　炒制瓜子火候是关键，火候不当往往外焦里生或瓜仁变焦。正确掌握火候，要求先用旺火将锅里的沙烧热，以锅底微呈红色为宜，再把干净瓜子投入铁锅内炒拌。大锅小炒（每次1.5～2kg瓜子），高温急炒（每锅20～30s），使瓜子均匀受热。生瓜子接触热沙后，温度骤增，表面迅速膨胀，壳与仁自然分离。高温时，瓜子内质发生变化，散发出诱人的香味，这时应迅速出锅筛沙。

（3）蘸卤　瓜子炒熟后要尽快筛沙蘸卤。把熟瓜子浸泡在微沸的卤汁中，这不仅是使瓜子适当复水，更重要的是使瓜子味道鲜美，容易脱壳。蘸卤技术性很强，只有蘸卤适中，瓜子才能一嗑三开，既香又脆。蘸卤时间过长会使瓜子吸水过多，不香不脆不易嗑，蘸卤时间短卤汁渗不透，吸水不够，则壳易碎，味也差，蘸卤不均匀会出现花面瓜子和光头瓜子，色、香、味、形都受影响。一般卤汁渗透瓜子即可。

（4）包装 蘸卤后喷拌入适量的奶油香精、香兰素，待热散发后，装袋即成商品。

五、十香黑瓜子

1. 原料配方

黑瓜子 100kg，八角 1.5kg，桂皮 500g，公丁香（丁香树的干燥花蕾，有公、母之分。含苞待放的花蕾为公丁香，质量佳。经自然授粉，逐渐膨大成紫红色的幼果，采收晒干后为母丁香）300g，石灰 1kg，薄桂 500g，茴香 300g，甘草 500g，食盐 12kg，山柰 500g，花椒 300g，砂仁 10g，芝麻油、五香粉适量。

2. 工艺流程

黑瓜子选择→浸泡→沥干→加香煮制→焖制→拌香料→摊晾→拌油→包装→成品

3. 操作要点

（1）黑瓜子选择 将颗粒饱满、无虫蛀、无破损、籽粒大的黑瓜子倒入缸中。

（2）浸泡、沥干 在缸中放进清水，加入石灰搅匀。水以淹没黑瓜子为度，浸 10h 左右捞出，用清水冲洗去黏液，漂净沥干备用。

（3）加香煮制 取清水 30L，放入锅中加热煮沸，加入甘草、茴香、八角、砂仁、薄桂、山柰等香料熬制 30min 后，再将黑瓜子投入搅拌煮制。

（4）焖制、拌香料 然后旺火烧沸，加入盐拌匀，盖严盖焖煮 1h，再转微火煮，并加入花椒、公丁香搅匀，使黑瓜子静置锅中一夜。

（5）摊晾 次日清晨滤出黑瓜子，沥水，摊铺于竹席上晒至酥脆（晒干）。

（6）拌油、包装 擦些芝麻油，撒些五香粉即为气味芬芳的成品。也可用烘房进行人工干制。

六、多味葵花籽

1. 原料配方

葵花籽 100kg，花椒 200g，食盐 10kg，桂皮 1kg，八角 1kg，甜蜜素 50g，茴香 1kg，奶油香精 50mL，胡椒粉 50g，水 150L，姜粉 30g。

2. 工艺流程

调味液制备→煮葵花籽→磨光与干制葵花籽→炒葵花籽

3. 操作要点

（1）调味液制备　将八角、桂皮、茴香、花椒、胡椒粉、姜粉用纱布袋装好，放入沸水中煮沸 30min。将调味料捞出即为调味液。

（2）煮葵花籽　把葵花籽、食盐、甜蜜素与调味液一同大火煮沸，然后改用文火连续煮 1～2h，每隔 10～15min 翻动一次，1h 后开始频繁翻动，使所有葵花籽成熟一致，入味均匀，直至锅内水分基本炒干。

（3）磨光与干制葵花籽　将葵花籽起锅，趁热装入麻布口袋（一次不宜装太多），进行搓揉，尽量使每粒葵花籽都摩擦掉黑皮，然后再撒上奶油香精，倒进热锅炒干或烘烤干，也可以在烈日下暴晒至干脆易嗑。

（4）炒葵花籽　将已经磨光与干制的葵花籽筛选分级，再用文火炒制，使白皮稍呈黄色为好。这样制出的多味葵花籽，食而不燥，甘甜生津。

七、多味南瓜子

1. 原料配方

南瓜子 1kg，食盐 50g，桂皮 5g，茴香 10g，甜蜜素 2g，味精 2g。

2. 工艺流程

选料→和料→煮制→调味、晾凉→烘干或晒干→包装

3. 操作要点

（1）选料　精选当年新产的南瓜子，无虫蛀、霉变，颗粒饱满，通过风力吹选与过筛，剔除次品及杂物，水洗后备用。

（2）和料　将洗净的南瓜子加上食盐、甜蜜素、桂皮、茴香和适量水，搅匀，水以淹没南瓜子为度。

（3）煮制　加热煮沸，煮至汤汁基本烧干即可。中间要翻动2～3次，以免煳锅。

（4）调味、晾凉　最后加入味精，搅拌均匀后，出锅，摊开晾凉。

（5）烘干或晒干　将上述南瓜子烘干或晒干，越干越便于久存。

（6）包装　用食品塑料袋或洁净干燥瓶子封装，随吃随取。

八、奇香西瓜子

1. 原料配方

西瓜子100kg，八角2kg，桂皮2kg，茴香2kg，花椒0.3kg，盐6kg，糖精0.2kg，味精0.2kg。

2. 工艺流程

选料→煮配料→煮瓜子→炒瓜子→炒干脱皮→成品

3. 操作要点

（1）选料　选取无霉烂变质、无虫咬、大小较均匀的瓜子。

（2）煮配料、煮瓜子　按配方将八角、茴香、桂皮、花椒、盐、糖精、味精各装入布袋内封好，放入开水锅里煮。当开水锅里煮出味时再放入选出的瓜子，盖上易透气的织布。蒸煮时火要匀，勤翻动，以不烧干水为宜，蒸煮1～2h可捞起。再重新倒入新瓜子，按以上方法可重复进行6次，配料即全部用完（但第二锅开始加用糖精、味精、盐，均按第一锅的配方加煮。其他配料不变）。

（3）炒干脱皮　将蒸煮好的瓜子放入旋转式瓜子机里炒干，脱去瓜子表面黑皮，火要小并均匀，约0.5h即可出机。

九、美味焦糖葵花籽

1. 原料配方

生葵花籽 10kg，红糖 0.3kg，白砂糖 0.3kg，食盐 0.3kg，桂皮 0.01kg，八角 0.01kg，香叶 0.005kg，丁香 0.01kg。

2. 工艺流程

生葵花籽→筛选→浸泡→清洗→煮制→入味→烘干→焦糖增味→包装→成品

3. 操作要点

（1）清洗　将葵花籽放入盆中，倒入清水漂除其中杂物。将葵花籽放入筛子中用清水边冲洗边轻搓，反复几次以尽可能洗干净。

（2）煮制　煮到锅内的水烧开后，继续再煮上 5min，将香料的香味全部煮出来。把洗干净的葵花籽倒入锅内煮制，煮 20～30min。

（3）入味　煮好以后关火，可以把葵花籽放入汁水中，浸泡 1～2h，这样会更入味。然后将煮好的葵花籽捞出，放入漏网上沥水。沥干水分后，把葵花籽倒入大一点的盘中，放在太阳下晒到葵花籽变干。

（4）焦糖增味　白砂糖倒入炒锅中加入少许清水，在锅中不断搅动，融化成小块加入红糖一起搅动，糖一会儿会出现大泡。当糖汁渐渐变得黏稠，变成琥珀色或棕褐色，并闻到香甜的焦糖味时，将葵花籽放入锅内翻炒，出锅摊晒至全干即可。

十、风味白瓜子仁

1. 原料配方

（1）麻辣味　盐 4.5kg，花椒 0.5kg，八角 1.3kg，桂皮 0.5kg，胡椒粉 1.0kg，甜蜜素 0.25kg。

（2）奶油味　白砂糖 10kg，盐 2.5kg，花椒 0.1kg，八角 0.2kg，桂皮 0.2kg，甜蜜素 0.1kg，奶油香精 0.2mL。

（3）怪味　白砂糖 10kg，盐 10kg，醋酸 2.5kg，花椒 0.3kg，八角 1.3kg，桂皮 0.5kg，胡椒粉 1.0kg，味精 0.2kg。

2. 工艺流程

去壳白瓜子→称量→配料→煮沸→烘烤→包装→成品

3. 操作要点

（1）配料　取去壳白瓜子、调料、水，料水比 1∶6。

（2）煮沸　将上述料、液煮沸 5min，浸润 2h。

（3）烘烤　采用微波炉烘烤 6.5～8min 即可。

十一、风味黑瓜子

1. 原料配方

（1）牛肉汁黑瓜子　黑瓜子 100kg，八角 0.4kg，桂皮 0.6kg，茴香 0.6kg，牛肉汁粉 20g，精食油 0.5kg，食盐 18～20kg，茶叶 0.3kg，黑矾（学名为七水合硫酸亚铁）0.3kg，石灰 6kg。

（2）鸡汁瓜子　黑瓜子 100kg，八角 0.4kg，桂皮 0.6kg，茴香 0.6kg，鸡肉汁粉 20g，精食油 0.5kg，食盐 18～20kg，茶叶 0.3kg，黑矾 0.3kg，石灰 6kg，苯甲酸钠 0.06kg。

（3）虾油瓜子　黑瓜子 100kg，八角 0.4kg，桂皮 0.3kg，茴香 0.6kg，虾肉汁 1kg，精食油 0.5kg，食盐 18～20kg，黑矾 0.3kg，石灰 6kg，苯甲酸钠 60kg。

（4）甘草瓜子　黑瓜子 100kg，石灰 6kg，植物油 0.6kg，甘草 0.6kg，食盐 6kg。

（5）香草瓜子　黑瓜子 10kg，食盐 0.3kg，甜蜜素 80g，石灰 6kg，香草香精 10g，熟油 0.2kg。

2. 工艺流程

黑瓜子→筛选→浸泡→冲洗→蒸煮→烘晒→干炒→磨光→包装

3. 操作要点

（1）浸泡 石灰与水按 1∶10 的比例进行预溶解后，倒入水池中配成溶液，投入黑瓜子浸泡 12h。

（2）蒸煮 煮锅中依次加入黑瓜子、食盐、调料、配料，蒸煮 4h 左右，可加入适量防腐剂，以延长保存期。

（3）烘晒 在 60% 的烘房内连续烘烤 8～10h，使黑瓜子含水量在 32% 以下。

（4）干炒、磨光 用炒锅炒 15～20min，使其含水量在 10% 以下。磨光时每 100kg 黑瓜子拌入食用油 2kg。

十二、调味葵花仁

1. 原料配方

葵花籽 1kg，调味剂 1.8kg，调味剂自选。

2. 工艺流程

原料选择→洗涤→甩干→调味→沥汁→焙烤→冷却→包装→成品

3. 操作要点

（1）原料选择 采用机械方法将葵花籽脱壳，然后对葵花仁进行筛选和精选，整仁率达 80% 以上。

（2）洗涤、甩干 将挑选后的葵花仁装入尼龙网中，在清水中快速漂洗一遍，然后迅速用甩干机甩干。

（3）调味 将葵花仁在事先调配好的调味汁中浸泡，葵花仁与调味汁的比例为 1∶1.8，保持室温 15～20℃，浸泡 2h。浸泡期间将葵花仁翻动几次。

（4）沥汁 捞出葵花仁，沥净调味汁，阴干，以抓取不湿手为度。

（5）焙烤 将调味后的葵花仁传送至隧道式烤箱中，在 170～210℃ 条件下，动态焙烤 10min。葵花仁出烤箱后，尽快将烤焦变质的葵花仁挑出，然后再传送至烤箱中，在同样温度下动态焙烤 5min。

（6）冷却 出箱，风冷降温。

（7）包装、成品 用颗粒自动包装机包装，以透明聚乙烯塑料袋和铝塑复合袋分别按每袋 50g、100g、150g 包装。

十三、牛肉汁西瓜子

1. 原料配方

西瓜子 100kg，茴香 1kg，八角 1kg，牛肉汁 100L（或牛肉精粉）2kg，精盐 10kg，生石灰 5kg。

2. 工艺流程

选择原料→浸泡→煮配料→煮制→炒西瓜子→炒干脱皮→成品

3. 操作要点

（1）选择原料、浸泡 将生石灰倒入 100kg 水中，溶化后加入筛选后的西瓜子。浸泡 5~8h，然后捞出，用清水漂洗干净，去掉壳上黏质。

（2）煮配料、煮制 将洗净的西瓜子倒入锅中，放入精盐、八角、茴香和牛肉汁浸泡 3~4h，然后置于旺火上煮沸。

（3）炒干脱皮 将煮好的西瓜子捞出，沥去牛肉汁和香料，然后再放入烧热的铁锅中，用文火翻炒至干。要勤翻搅，以免炒煳。或用旋转炒锅加工。

4. 注意事项

为了增加风味，可在调味料配方中增加味精、增鲜剂 I＋G 及肉味水解蛋白液。为了延长货架期，可添加瓜子专用的抗氧化剂。

十四、话梅西瓜子

1. 原料配方

西瓜子 100kg，茴香 12g，食盐 0.5kg，干橘皮 0.35kg，话梅香精 100mL，甘草 500g，乌梅 100g，桂皮 25g，柠檬酸 150g。

2. 工艺流程

西瓜子→清洗→中火慢炒→炒干→冷却→密闭容器→颠翻匀→密封2h→成品

3. 操作要点

（1）制取话梅汁 称取干橘皮、甘草、桂皮、茴香、乌梅，加水20L，加热煮制1～2h，过滤得话梅汁10～15kg，加入150g柠檬酸，再加入食盐拌匀。

（2）中火慢炒 将西瓜子入锅翻炒，至有爆裂声时，说明西瓜子将熟，将话梅汁倒入锅内，再炒至干后起锅。待其冷却，便可盛在密封的容器内，将话梅香精加入，颠翻匀后，密封2h即成。

十五、酱油西瓜子

1. 原料配方

（1）配方一 西瓜子10kg，桂皮0.1kg，酱油2kg，石灰1kg，茴香0.1kg。

（2）配方二 西瓜子10kg，八角0.1kg，桂皮0.1k，薄桂0.1kg，酱油1.2kg，石灰0.2kg。

（3）配方三 西瓜子10kg，酱油2kg，石灰2kg，茴香50g，桂皮50g。

2. 工艺流程

石灰加清水1kg→搅匀→溶化→去渣取用石灰水→倒入西瓜子→浸泡5h→捞出→清水漂洗→洗净→捞出→加酱油、八角、桂皮、薄桂和水→煮制→烧至汤水快干→离火→捞出西瓜子→晾干→筛净杂质→成品

3. 操作要点

（1）浸泡 将石灰放入盆中，用水化开后滤去渣子。将西瓜子倒入石灰水中浸泡5h左右，除掉西瓜子表面的胶质，捞出用清水淘洗干净。

（2）煮配料 将洗净的西瓜子放入锅里，加入配料和适量水（加水量

以淹没西瓜子为度)。

(3) 煮制　煮沸后用中火将汤汁熬干。水快干时,要不断翻炒,待略干即成。

(4) 晾干　把煮好的西瓜子取出,放在通风的地方晾干。为避免尘土污染,上面要加盖一层纱布。晾至八成干时,即为酱油西瓜子成品。

十六、烤香葵花籽

1. 原料配方

葵花籽 100kg,八角 2.5kg,花椒 1kg,大蒜 1kg,食盐 10kg。

2. 工艺流程

选择原料→浸泡→煮制→晾干→成品

3. 操作要点

(1) 选择原料　用清水将葵花籽淘洗干净,将大蒜去皮拍碎,与花椒、八角一起装入小纱布口袋,扎住袋口。

(2) 浸泡　盆内加入食盐和清水(水面淹过葵花籽),搅拌使食盐溶化,把洗净的葵花籽和调料纱布袋一起放入盆内,浸泡 12h。

(3) 煮制　将浸泡好的葵花籽和调料袋、盐水一起倒入锅中,用旺火煮沸 20min,停火后再焖 20min。然后把葵花籽捞出,沥净水分。

(4) 晾干　将葵花籽采用微火慢慢炒干或在阳光下晒干,但葵花籽上面最好再盖上一层纱布,防止尘土污染。或将葵花籽装入干净的纱布袋中,扎口放在暖气片或火炕上,缓缓烤干。若采用自然干燥,不要堆得太厚,以免变坏。

十七、保健西瓜子

1. 原料配方

人参 0.7kg,黄芪 1kg,五味子 0.6kg,甘草 1.5kg,八角 1kg,茴香 1.5kg,桂皮 2kg,丁香 0.2kg,蔗糖 3kg,精盐 12kg,芝麻油适量。

2. 工艺流程

　　　原料筛选、烘干→配料→煮沸→混合→煮制→烘干→成品

3. 操作要点

　　（1）原料筛选、烘干　筛选瓜子，除去破损籽、沙土、杂质等，用水漂洗后，送入烘干机烘干 25min。取烘干后的瓜子 100kg 备用。

　　（2）配料　先将上述配方中 4 种中草药洗净切碎，投入 13kg 水中，通过铁釜以温火煮沸 150min。捞出药渣，称取 10kg（不足用水补至 10kg），即为中草药煮液。

　　（3）煮沸　取八角、茴香、桂皮、丁香洗净后投入 95kg 水中，用铁釜（锅）以温火煮沸 90min，捞出配料渣，称取 100kg（如不足用水补至 100kg），即为配料煮液。

　　（4）混合　将中草药煮液及配料煮液混合，将蔗糖、精盐投入混合液中拌匀，使其溶液配成煮液。

　　（5）煮制　将备用的瓜子 100kg 投入混合煮液中，以温火在铁釜中持续煮沸 125～145min。须使所有的中草药及调料充分渗透于原料中。

　　（6）烘干　将煮好的瓜子出釜送入紫外线烘干机，烘干至脱去 90% 的水分。对瓜子进行防干处理，即在表面擦以少许芝麻油及蔗糖，然后检验、装袋、包装、入库。

十八、玫瑰黑瓜子

1. 原料配方

　　黑瓜子 10kg，食盐 0.5kg，糖精 10g，五香粉 300g，公丁香粉 100g，开水 6kg，玫瑰香精 30mg，食用红色素少许。或按另一种配方：红糖 2%～3%、糖精 0.01%，食盐少许，加工后拌入 0.02% 的玫瑰香精。

2. 工艺流程

　　　选择原料→煮配料→煮制→炒制→成品

3. 操作要点

（1）煮配料　将水煮沸，加入食盐、糖精、五香粉、公丁香粉及食用红色素，搅拌均匀，即为配料液。

（2）煮制　把选好的黑瓜子洗净，放在缸中，倒入制作好的配料液，滴入玫瑰香精，搅拌均匀，加盖放置 24h，其间要翻 3～4 次。

（3）炒制　将黑瓜子取出，沥干水分，投入铁锅炒制。开始时火力不宜过大，待水分炒干后，略加大火力，翻炒要快，待黑瓜子壳面中心呈现芝麻黑点时，要控制火势，慢慢焙炒至熟，即为成品。

十九、盐霜南瓜子

1. 原料配方

南瓜子 100kg，食盐 5kg。

2. 工艺流程

选择原料→清洗→腌制→炒制→成品

3. 操作要点

（1）清洗　将南瓜子洗净，沥去水分备用。

（2）腌制　食盐放碗内，加少量水溶化为浓盐水，将南瓜子倒入浓盐水中，充分拌匀，然后将南瓜子摊开晾干。

（3）炒制　将晾干表面水分的南瓜子倒入锅内，加入干净的沙子，置炉火上炒。炒至噼啪声逐渐由大减弱，再炒 5 分钟，即起锅。用筛子筛去沙子，晾凉后即可。南瓜子拌盐水后，一定要晾干再和沙子同炒。如南瓜子表面湿润，沙子会黏附在南瓜子上，炒后难以筛除，吃起来会感到牙碜。炒熟的南瓜子一定要凉透后再装入容器内，否则不脆不香。

二十、盐霜葵花籽

1. 原料配方

葵花籽 100kg，食盐 1kg，舒欣脆 C 0.6kg。

2. 工艺流程

选择原料→清洗→浸泡→炒制→成品

3. 操作要点

（1）浸泡　先将葵花籽去杂、洗净、沥干，放入舒欣脆C溶液浸泡1～2h。把盐调成汤备用。

（2）炒制　将葵花籽下锅清炒，火候先旺后缓，炒熟出锅，喷以盐汤拌匀即可。

二十一、椒盐南瓜子

1. 原料配方

南瓜子100kg，花椒粉5kg，食盐15kg，开水50kg。

2. 工艺流程

选调料→开水冲调→倒入瓜子→浸泡→晾干→翻炒→成品

3. 操作要点

（1）浸泡、晾干　把盐、花椒粉放在缸中，冲进开水，再倒入南瓜子拌匀，静置5h左右，中间翻转2次，取出后摊铺竹席上晾干。

（2）翻炒　然后倒进锅中旺火将沙炒至热，再将南瓜子倒进翻炒。直至听到"噼啪"响声时再加紧炒5min左右，即离火、筛去沙子，摊开冷却后即成为成品。

二十二、奶油葵花籽

1. 原料配方

葵花籽100kg，食盐10kg，香兰素50kg，奶油香精0.1kg，甜蜜素500g，炒制用白沙150kg（左右）。

2. 工艺流程

选料→炒制→浸泡→复炒

3. 操作要点

（1）选料　选取无霉烂变质、无虫咬、大小较均匀、干净的葵花籽。

（2）炒制　在滚筒炒锅内放入白砂，炒热后投入选择的葵花籽，启动鼓风机吹火炒 10min，待葵花籽烫手时出锅，筛去白沙。

（3）浸泡　在铁锅中加入 30kg 水和 10kg 食盐，加热至起盐霜，然后溶入甜蜜素，冷后待用。将炒过的葵花籽趁热倒入盐水中，令其及时吸收盐水，使咸味能渗透到葵花籽里，然后捞起沥干。注意盐水要浸透葵花籽，否则成品色味不佳。泡好的盐水使用几次后浓度降低，需添加盐和甜蜜素。

（4）复炒　调味后的葵花籽要复炒，要用文火，火力要均匀，使葵花籽水分逐步蒸发，咸甜味逐步被葵花籽肉吸收。约炒 50min，待葵花籽表面有白霜，倒入用少量水溶化的香兰素及香精，翻炒均匀，即可出锅。

4. 注意事项

第一次炒制是为了提高葵花籽温度，减少葵花籽的水分含量，使葵花籽在浸泡过程中吸收较多的调味液。因此第一次炒制只需炒至烫手为止，一般在 70～80℃之间，不必炒熟。复炒时火不宜旺，因为若用急火炒，葵花籽壳表面的盐及调料反被铁锅吸附，而使葵花籽壳表面盐霜呈棕黄色，因此需用文火缓炒。

二十三、奶油西瓜子

1. 原料配方

西瓜子 100kg，花生油 2kg，白砂糖 1kg，生石灰 10kg，香兰素 50g，牛奶香精 100mL。

2. 工艺流程

选择原料→浸泡→配料→炒制→晾凉→调味→成品

3. 操作要点

（1）浸泡　将石灰溶入水中，加水量以能浸没西瓜子为限，倒入西瓜子浸泡 5h。然后捞出，用清水漂洗干净，备用。

（2）配料、炒制　取铁锅置旺火上烧热，加 1/3 的油烧至八成热，倒入西瓜子不断翻炒，待西瓜子中水分快干时，再加入另外 1/3 油，改用文火翻炒至西瓜子肉熟后，迅速均匀洒入用少量沸水将糖溶化的糖液，同时加入剩下的 1/3 花生油和用少量水化开的香兰素溶液，稍加翻炒即可离火。

（3）晾凉、调味　将炒好的西瓜子晾凉后，加入牛奶香精拌匀即成。

4. 注意事项

牛奶香精应为水油两用型。配方中可加入甜蜜素。

二十四、奶油黑瓜子

1. 原料配方

黑瓜子 100kg，甘草 30g，食盐 5kg，茴香 10g，八角 25g，桂皮 20g，良姜 50g，白芍、丹皮、甜蜜素、明矾、香兰素、奶油香精等适量。

2. 工艺流程

配料→制卤→炒制→蘸卤→晾干→包装

3. 操作要点

（1）配料、制卤　按配方量将各种配料下锅用清水煮沸。煮沸后以文火煮成卤汁。卤汁要一直保持在微沸状态。八角、桂皮、茴香等配料要装入纱布袋，扎紧袋口同煮。

（2）炒制　先用旺火将锅内沙烧热，再把黑瓜子投入锅内炒，大锅小炒（每次 1.5～2kg），每锅 20～30s，使黑瓜子均匀受热。最好一次性出锅。

（3）蘸卤　黑瓜子炒熟后迅速出锅，筛去沙后，尽快蘸卤。把熟黑瓜子浸泡在微沸的卤汁中。

（4）晾干、包装　蘸卤后喷洒适量的奶油香精、香兰素等添加剂搅拌，待热量散发后，即可包装为成品。

二十五、奶茶香南瓜子

1. 原料配方

　　新鲜南瓜子 500g，甜蜜素 4g，奶油香精 0.5g。浸泡液（1L）是用 60g 茶叶制成 500mL 茶叶浸提液，用 6g 甘草制成 500mL 甘草浸提液，加入 10g 食盐混合而成的。

2. 工艺流程

　　新鲜南瓜子、茶叶浸提液、甘草浸提液→混合→浸泡→过滤→摊晒→喷香精水→成品

3. 操作要点

　　（1）新鲜南瓜子的制备　采收 9 月中旬完全成熟的南瓜，按瓜的形状横向切开，将南瓜子取出，放在清水中洗净，捞起，剔除腐烂、损坏、空瘪的南瓜子，待用。

　　（2）茶叶浸提液的制备　选择当年产的茶香味较浓的绿茶，先进行粗粉碎，然后放入 80～90℃ 的水中浸提 25min，用 120 目滤网过滤，除去茶渣，得茶叶浸提液。

　　（3）甘草浸提液的制备　将条状的甘草切成薄片，为增加甘草的浸出率，用粉碎机将甘草片进行粗粉碎，然后放入沸水中煮 5～10min，浸提 30min，用 120 目滤网过滤，除去甘草渣，得甘草浸提液。

　　（4）混合、浸泡　将过滤后所得的茶叶浸提液、甘草浸提液混合，并加入食盐，把清洗干净挑选好的新鲜南瓜子放入混合液中，浸泡至南瓜子稍胀起为止，浸泡时间一般为 2h，浸泡液温度为 60℃ 左右。

　　（5）过滤、摊晒　用滤网将浸泡液滤去，及时把南瓜子薄摊在席子或模板木板上，放在通风干燥处晾晒，晒至南瓜子含水分 6% 左右为宜。

　　（6）喷香精水、成品　预先将甜蜜素用水溶解，滴入奶油香精制成香精水。将香精水均匀喷洒到浸泡晒干的南瓜子上，即成为奶茶香南瓜子。

第二节 花生休闲食品

一、五香花生米

1. 原料配方

（1）配方一　花生米 10kg，食盐 800g，五香粉 400g。

（2）配方二　八角 0.2%，花椒 0.1%，桂皮 0.1%，生姜 0.1%，食盐 3%，老抽 1%，味精 0.4%，白砂糖 1%，花生米 94.1%。

2. 工艺流程

花生仁→精选→清洗→热烫→腌制→装袋密封→杀菌→保温→检验→成品

3. 操作要点

（1）精选　要求选用新鲜花生米，无霉变，无杂质。

（2）热烫　将洗净的花生米倒入热水中，热烫 3min。

（3）腌制　将调味料放入锅内，加适量水煮成调味液，放入花生米，腌制 2～4h。

（4）装袋密封　将腌制好的花生米按规格计量分装，装袋后用真空包装机封口，封口条件为真空度 0.09MPa。

（5）杀菌　将装袋密封后的花生米放入高压杀菌锅内杀菌，杀菌条件为温度 121℃、时间 30min。

二、怪味花生米

1. 原料配方

花生米 5kg，白砂糖 2.5kg，饴糖 600g，甜酱 350g，熟芝麻 150g，盐 65g，辣椒粉 40g，花椒粉 40g，味精 17g，五香粉 7g，植物油 1.5kg。

2. 工艺流程

调味料制备
↓

花生米处理→浸泡→油炸→去皮→烘烤→拌和→上糖衣→摊晾→包装→成品

3. 操作要点

（1）花生米处理　选用颗粒饱满、大小均匀、干净、未脱红衣的花生米。经精选去除霉变、发芽、虫蛀、破碎及过大或过小的颗粒，以及其他杂质，然后用清水漂洗去除浮尘，捞出沥干。

（2）浸泡　将精选去杂后的花生米用冷水浸泡2～4h，然后捞出沥干。

（3）油炸　先用旺火将植物油烧开，再将沥干后的花生米投入，并缓缓搅动，待花生米被炸至酥脆时捞出，沥干油。

（4）调味料制备　先将植物油烧熟后，加入甜酱，稍炸数分钟，即离火冷却。再将熟芝麻、辣椒粉、花椒粉、五香粉、味精、盐等辅料混合搅拌均匀，然后加入炸制后的甜酱，搅拌均匀。

（5）拌和　将炸好的花生米倒入辅料中，充分拌匀。

（6）上糖衣　将白砂糖、饴糖加水300～400mL，放入锅内边搅拌边熬煮，至温度达110～120℃时，慢慢将其浇在拌好辅料的花生米上，边浇边翻动，使花生米均匀地粘上糖衣。

（7）包装　晾冷后包装即为成品。

三、琥珀花生仁

1. 原料配方

花生仁10kg，白砂糖10kg，饴糖2kg，食用油少许，水适量。

2. 工艺流程

花生仁→挑选→洗净→煮制→炒制→冷却→包装→成品

3. 操作要点

（1）挑选、洗净　要严格剔除霉变发芽的花生仁，选择颗粒饱满、大小均匀、干净不掉皮的花生仁，用清水洗净。

（2）煮制　用适量的水将白砂糖溶化，然后将糖液过箩除去杂质，再加入与白砂糖等量的花生仁与糖液共煮。

（3）炒制　花生仁与糖液共炒时，花生表面充分均匀地粘满糖液，由于不断搅拌和加热，水分不断蒸发，致使花生表面所粘的糖开始返砂并形成不规则的晶粒，即调节火候。改用文火炒制 1～2min，促使返砂。待返砂均匀，再把文火调成武火，并加速搅拌，当返砂糖晶遇到高温，又开始熔解，待熔解 70％时加入食用油，搅拌均匀，同时返砂糖晶继续熔解至 90％左右，加入少量饴糖，迅速搅拌，随即出锅。

（4）冷却、包装　出锅后平摊在装有流动水的冷却台上，完全凉透后包装。

四、鱼皮花生仁

（一）方法一

1. 原料配方

花生仁 50kg、面粉 50kg，白砂糖 12kg，小苏打 200g，甜蜜素 40g，精盐 1.5kg，五香粉 300g，茶油 20kg，大米饴糖 4kg。

2. 工艺流程

拌粉
↓
花生仁→浸水→上粉→拌和→揉散→过筛→浸水→拌和→揉散→过筛→抛光→炸制→稍冷→上光→冷却→包装→成品

3. 操作要点

（1）拌粉　先将白砂糖、精盐过筛，然后加入面粉、五香粉、小苏打混合拌匀，用篾筛筛两遍，使糖、面粉等混合得更为均匀。

（2）上粉　先将面粉取出少量摊平，将浸湿的花生仁粘上面粉，再筛出干面粉，进行浸湿裹粉。连续进行到面粉被花生仁粘完为止。在裹粉的同时要拌和搓散。避免粘连，最后用滚圆机或簸箕抛光，使面粉粘得既紧又光。

(3) 炸制 炸制时，火候不宜太大，油温不宜过高，下锅量要适宜。因为花生仁是生的，又裹上一层水湿面粉，花生就很难炸得酥脆。油温太低使颗粒含油，似油浸色，吃时不香脆；油温太高，虽表面色泽金黄，但花生仁表面酥脆并不熟，甚至会出现回潮返生。下锅后，随时搅动，以免成坨或粘锅焦黑，要求火色呈金黄色。炸至花生仁在锅内稍起爆炸声，油面水泡细小，花生内部全部酥脆，方能出锅。捞出，沥净余油。

(4) 上光 稍冷后倒入锅内，再将用开水溶解的饴糖液倒入，并趁热迅速翻拌均匀，使花生仁表面呈现亮色。饴糖的浓度不宜过浓，过浓会使糖粘手以及产品成坨而影响质量。

(5) 冷却、包装 出锅后平摊在冷却台上，完全凉透后包装。

（二）方法二

1. 原料配方

花生仁 25kg，芝麻油 500g，标准粉 18kg，酱油 4kg，大米粉 7kg，味精 50g，白砂糖 4kg，山柰 50g，饴糖 3kg，八角 50g，泡打粉 150～200g。

2. 工艺流程

选料→调粉→制调味液→成型→阴干→烘烤→调味→包装

3. 操作要点

(1) 选料 挑出霉变、碎瓣及不规则的花生，筛出大、中、小粒，分别保管使用。

(2) 调粉 将标准粉 10kg 和大米粉 7kg 在搅拌机中混合均匀，制成调和粉，待打豆时用。

(3) 制调味液 将饴糖放入锅中，加热，并加入白砂糖加热溶解后离火。加入香料汁的一半（山柰、八角加清水煮沸 20min 左右，取汁，再煮，取汁，将两次汁合在一起，加入味精，为调味香料汁）。待冷却至室温加入泡打粉。

(4) 成型 先将花生仁放入转锅中，开机转动。随后将糖汁细而均匀地浇在花生仁上，再薄薄撒一层标准粉（3kg 左右），然后浇一层糖汁，撒一层调和粉，直到将调和粉全部撒在花生仁上为止。最后再把剩下的标准粉 5kg 撒在花生仁表面上，裹实摇圆便可出转锅。

（5）阴干　成型的半成品摊开、阴干，夏季在 24h 左右，冬季 60h 左右，即可烘制。

（6）烘烤　将成型的半成品装入烤炉的转笼中，推入烤炉，开启转笼及加热器。初烤时可用木棒随时敲打转笼，避免黏结，烤至笼内发出阵阵喀喀声，表面呈微黄色时，即可起炉检查，剖开产品，里面花生仁呈芽黄色，马上倒入调味料锅中，待调味。

（7）调味　按 1∶1 的比例加清水将酱油稀释，然后加热煮沸后，加入另一半调味汁，混合均匀。出炉的熟坯趁热迅速泼上适量调味液，开动机器搅拌均匀，然后转入大转盘中，冷却，表面撒上少量熟芝麻油，混合均匀。

（8）包装　凉后将变形、烤煳等次品剔除。其余用塑料袋包装。

4. 注意事项

① 有的厂家先将花生仁烤熟后再裹粉，这样花生易烤熟而酥。

② 可将配方中的酱油量减少，将所有的调味液都加入糖液中。而在调味工序，把调味液改为稀胶液，如阿拉伯胶，其中加入少量熟油，调拌后使产品表面较光亮，且颜色浅。

③ 将配方中的面粉全部改成米粉，但须经特殊处理，使淀粉变性。如将米蒸熟、风干、陈化、粉碎成粉等，使米粉失去燥性，淀粉 α 化。在烘烤时有利于淀粉膨化而酥脆。

五、椒盐花生米

1. 原料配方

花生米 10kg，精盐 300g，茴香 20g，桂皮 30g。

2. 工艺流程

花生米预处理

↓

辅料→溶化→浸泡花生米→沥干→炒制→成品

3. 操作要点

（1）花生米预处理　将花生米过筛分级，剔除破碎、霉烂、发芽的颗粒。然后放入 70~80℃ 热水中浸泡 1min，边泡边拌，泡后捞起。

（2）浸泡花生米　将精盐、茴香、桂皮烧煮成汤，倒入花生米内，静置 4h 左右，使之渗入花生米内。

（3）炒制　将白沙入锅，炒至 50～60℃ 时投入花生米，用旺火翻炒，当发出"噼啪"声时，再用小火炒 6min，即可出锅。

4. 注意事项

① 浸泡时间不宜过长，水温不宜过高。

② 白沙投入量与花生比为 2∶1，沙多，花生米不易脱衣，不易炒焦。白沙应经常更换。

③ 花生米宜冷透装箱，否则易变质有哈喇味。

六、椒盐玫瑰花生

1. 原料配方

花生仁 1kg，黄沙 2kg，细盐 50g，甜蜜素、玫瑰色素适量。

2. 工艺流程

花生仁→选料→筛分→浸色素→浇糖盐水→炒制→过筛→冷却→包装→成品

3. 操作要点

（1）选料　选取粒大、均匀、圆润、表皮呈暗红色，不霉、不碎，无虫蛀、无发芽的新花生为原料。

（2）浸色素　将玫瑰色素用 90℃ 的温水溶解后，倒入洗净的花生仁。水烫一会儿，取出，沥干水分。

（3）浇糖盐水　用适量水将盐和甜蜜素化开，随后将糖盐水浇在花生仁中，拌匀，放置片刻，然后沥干摊晾。

（4）炒制　将黄沙炒至 60℃ 左右时，把表皮已基本干燥的花生仁倒入，待花生仁炒至半熟时，改用小火继续翻炒。直至花生皮颜色变深，果仁呈象牙色，有香味时，迅速断火。

（5）过筛　将花生仁放入筛网中筛去黄沙。

（6）冷却、包装　将花生仁放于干燥通风处冷却，包装后即为成品。

七、香脆花生米

1. 原料配方

带壳花生米 454g，盐 90g，碎椰子丝 200g。

2. 工艺流程

挑选→浸泡→水洗→煮料→烘烤→摊晾→包装

3. 操作要点

（1）挑选　挑选干净并有坚固外壳的花生，剔除裂的、破壳的花生。原料应干燥、咯咯作响，避免潮湿发霉。

（2）浸泡　将带壳花生浸在冷水中 4h，清洗并初步软化果仁。

（3）水洗　泡足时间后，将花生从浸泡水中取出，再用清洁的冷水水洗。水应该是冷的，不能用温水或热水。因为冷水能抑制煮沸时多余的盐留在花生外壳上。

（4）煮料　往水里添加盐和碎椰子丝并把水煮开，保持 35～40min。这一步是很重要的，椰子有助于保持煮花生的滋味和泥土的芳香气，盐可以保持在果仁里。

（5）烘烤　煮沸足够的时间之后，取出花生，并排尽水分，把花生铺在微波炉里，烤 20～25min。如果使用的是标准微波炉，其温度应在中温到高温之间。时间和温度可以根据使用的微波炉做相应改变。

（6）摊晾　必须保证达到微波炉烤制的终止时间。花生被取出后，置冷，除去外壳。这时才能显示出典型的煮花生的味道。花生冷却变硬后，内部果仁具有烤花生的坚硬质地。

八、香酥多味花生

1. 原料配方

花生米 1kg，标准粉 1kg，白砂糖 1kg，食用油 2kg，食用级碳酸氢钠 4g，食用级碳酸氢铵 1g，辣椒粉、花椒粉、食盐等适量。

2. 工艺流程

制备糖浆　　　　　　　　　　　　　　　　　　　　　制粉
↓　　　　　　　　　　　　　　　　　　　　　　　　↓

花生米→淋糖浆（加入溶化的白砂糖）→沥去多余糖浆→裹粉（加面粉＋$NaHCO_3$＋NH_4HCO_3）→筛圆→第二次淋糖浆→第二次裹粉→第三次淋糖浆→第三次裹粉→油炸→出锅→沥油→上佐料→冷却→包装→成品

3. 操作要点

（1）制备糖浆　按白砂糖和水的比例为 1：2，将白砂糖加入水中，加热溶化成糖浆。

（2）制粉　在面粉中加入 0.4％的碳酸氢钠和 0.1％的碳酸氢铵，混匀。注意：碳酸氢钠和碳酸氢铵，事先要研成很细的粉末。

（3）淋糖浆　将花生米置于筛网上，均匀淋上一层糖浆，静置几分钟以沥去多余糖浆。

（4）裹粉　将淋有糖液的花生米倒入面粉中，使花生米均匀地粘上一层面粉，将粘在一起的花生米分开，筛去多余面粉，并将花生米筛成球形。

（5）淋糖浆、裹粉　第二、第三次淋糖浆和裹粉同第一次，只是淋糖浆时动作要慢。

（6）油炸　油烧至七成热，将裹好粉的花生放入炸至金黄色，出锅，沥干油，趁热上佐料。

（7）上佐料　使用前先将调味料研成细粉末，用铁锅炒热至稍有焦味，倒入刚炸好的花生中，迅速拌匀，冷却后即可包装。

第五章
肉类休闲食品

第一节　肉干食品

一、五香肉干

1. 原料配方

（1）配方一　猪瘦肉 100kg，精盐 3kg，酱油 3.1kg，高粱酒 2kg，白砂糖 12kg，味精、五香粉各 0.5kg。

（2）配方二　猪瘦肉 100kg，精盐 2kg，酱油 5kg，白酒 1kg，白砂糖 8kg，五香粉 0.3kg。

（3）配方三　猪瘦肉 100kg，精盐 2.5kg，酱油 5kg，五香粉 0.25kg。

（4）配方四　猪瘦肉 100kg，精盐 3kg，酱油 6kg，五香粉 0.2～0.4kg。

（5）配方五　猪瘦肉 100kg，精盐 2kg，酱油 6kg，五香粉 0.25kg，白砂糖 8kg，黄酒 1kg，生姜 0.25kg，葱 0.25kg。

2. 工艺流程

原料处理→水煮→切丁→调味→炒制→烘干→包装→成品

3. 操作要点

（1）原料处理　选用新鲜猪大腿和猪大排上的瘦肉，修净皮、骨、筋、膘等杂质，再切成 250～500g 重的肉块。

（2）水煮　切好的猪肉块放入锅内，加满水，大火烧煮，煮至肉块发硬时，出锅。

（3）切丁　煮好的肉块出锅，沥去水，再切成长 1.5cm、宽 1.3cm 的肉丁。

（4）调味、炒制　肉丁和酱油、白砂糖、高粱酒、精盐、五香粉、味精同时下锅，再加白汤（即水煮过程中不加佐料的汤）350～400g，用中火翻炒。开始慢炒，至卤汁将干时，加快速度，防止粘锅。炒至汤汁全干时，立即出锅。

（5）烘干　炒好的肉丁出锅后平摊在铁筛上，不能堆叠，然后送入烘房，房温 60～70℃，烘烤 6～7h，烘至猪肉丁不粘手，表里干燥一致，五香粉明显可见时，即为成品。

（6）包装　冷却后真空包装，杀菌后即为成品，可保存 2～3 个月。

二、天津五香猪肉干

1. 原料配方

猪肉 100kg，白砂糖 7kg，味精 0.2kg，盐 0.7kg，酱油 7kg，葱 2kg，白酒 1kg，姜 0.8kg，八角 0.63kg，丁香面 0.037kg，陈皮 0.01kg，桂皮 0.125kg，硝酸钠 0.05kg，苯甲酸钠 0.1kg。

2. 工艺流程

备料→水煮→切割→煮制→烘制→包装→成品

3. 操作要点

（1）备料　选猪后腿瘦肉，切成块状。将葱、姜、丁香面和八角、陈皮、桂皮分装两个布袋内，扎紧袋口待煮。

（2）水煮　锅内每千克肉加水 1.2kg，加入硝酸钠和苯甲酸钠，将肉煮沸 30～40min，待肉块出完血沫为止。

（3）切割　捞出肉块，修去四周边缘，将肉切成 1cm 见方的肉丁。

（4）煮制　撇净浮油，倒入肉丁、盐及两个料袋，煮制 20～30min，取出料袋，加入糖，再煮制 20～30min，加入酒、味精，煮到汤干即可出锅。

（5）烘制　将出锅的肉丁，摊在筛子上，进入烘炉，炉温保持80～90℃，烘制2h翻1次，再烘2h，到肉丁干时为止。

（6）包装　冷却后真空包装，杀菌后即为成品。

三、脆嫩五香猪肉干

1. 原料配方

（1）配方一　猪肉100kg，食盐1.0kg，白砂糖6.0kg，白酒1.0kg，味精0.5kg，五香粉0.25kg。

（2）配方二　猪肉100kg，食盐1.0kg，白砂糖1.0kg，酱油2.5kg，红曲米2.5kg，料酒5.0kg，味精0.5kg，桂皮0.3kg，八角0.3kg，大葱0.5kg，姜0.4kg。

（3）嫩化剂配方　木瓜蛋白酶0.1%，氯化钙1.0%，复合磷酸盐（三聚磷酸钠、焦磷酸钠、六偏磷酸钠的比例为2∶2∶1）0.3%。

2. 工艺流程

原料肉整理→腌制→微波熟化→脱水干燥→冷却、包装→成品

3. 操作要点

（1）原料肉整理　选择经检验合格的新鲜猪肉为原料，以筋腱和脂肪少、肌肉块形较大的前、后腿瘦肉为最佳。剔除骨、皮、筋膜和脂肪等非肌肉部分，立即送入速冻箱进行速冻，当肉块中心温度降低至-5～-4℃时（肉块冻结的硬度以刚好能用刀切动为准）取出，顺肌纤维切成长5cm，宽、厚各1.5cm的肉条，然后用清水浸泡0.5h，以去除血水和污物，漂洗干净，沥干。

（2）腌制　五香猪肉干根据各地口味习惯有许多不同的配料配方，按配方配制完成后进行腌制。将肉条捞出沥干，加入嫩化剂及各种辅料，混合均匀，放入恒温箱（或采用水浴加热）保持温度55℃，嫩化腌制2h。

（3）微波熟化　将肉放置在瓷盘中，送入功率为600～900W微波炉，中火加热6～8min达到使肉条熟化的目的。也可采用水浴锅保持温度80℃左右煮制1.5～2.0h，但产品的嫩度不及微波熟化的好。

（4）脱水干燥 脱水可采用微波干燥和烘箱干燥两种方式。采用微波干燥时将肉条放入微波炉中，保持肉条厚薄均匀，中火处理 3～5min 即可。没有微波条件的也可采用烘箱干燥，把熟制好的肉条平铺在钢丝筛上，放入 55℃烘箱，烘烤 4～5h。注意钢丝筛不要放得过密，使四面受热均匀，其间翻筛 2～3 次。

（5）冷却、包装 干燥完成的肉条放在通风洁净的房间自然冷却，为加快冷却速度可采用风扇吹风的方式。冷却后真空包装即为成品。

四、鞍山枫叶肉干

1. 原料配方

瘦肉 10kg，白砂糖 0.3kg，精盐 0.25kg，味精 0.05kg，白酒 0.25kg，五香粉 0.02kg，鲜姜汁 0.2kg，水 0.5kg，芝麻油少许。

2. 工艺流程

选料与整理→卤渍→烘烤→蒸制→包装→成品

3. 操作要点

（1）选料与整理 选无病新鲜的猪臀尖肉，除去肥膘、筋皮，然后切成均匀的薄片。

（2）卤渍 将各种配料放入盆中，再将肉片放入其中卤渍 2～3h，待料汁全部被肉片吸收为止。

（3）烘烤 将已卤渍好的肉片放在烤炉的铁网上烘烤，烤到半干时将肉片翻面，约 2h，水分基本被烘掉，肉干达到红色透明时即可出炉。

（4）蒸制 将少许芝麻油均匀地涂抹在肉干上，置于汽锅蒸制 15～20min 蒸熟。

（5）包装 冷却后真空包装，杀菌后即为成品。

五、麻辣猪肉干

1. 原料配方

（1）配方一 原料肉 50kg，食盐 750g，酱油 2kg，白砂糖 0.75～

1kg，白酒 250g，五香粉、味精各 50g，辣椒面 1～1.25kg，上等花椒面、芝麻面各 150g，芝麻油 500g，植物油、姜、葱各适量。

（2）配方二　瘦肉 100kg，食盐 1.5kg，酱油 4kg，白砂糖 2kg，白酒 0.5kg，味精 0.1kg，辣椒面 2.5kg，花椒面 0.3kg，芝麻油 1kg，植物油、姜、葱各适量。

2. 工艺流程

原料整理→制作坯料→油炸→透入香料味→包装→成品

3. 操作要点

（1）原料整理　选择无粗大筋腱、脂肪的瘦肉，洗后修净，切成 500g 左右的肉块，准备加工。

（2）制作坯料　把肉块、拍碎的姜和葱一起放入锅中煮，煮后出锅晾干（不再用水复煮），并切成长 5cm、宽和高各 1cm 的肉条，加入食盐、白砂糖、五香粉等（酱油先加 1.5kg），将其搅拌均匀，搁置 30min 左右，使配料渗入肉中。

（3）油炸　把植物油熬到刚熟时再降到 140℃ 左右，倒入上述的坯料油炸，并不时地用锅铲翻转，待水响声变轻后，坯料发出干响声时即起锅。待到热气散发后加入白砂糖、味精和剩余的酱油并搅拌均匀。

（4）透入香料味　在炸好坯料后的熟植物油中加入辣椒面，搅拌成熟辣椒油，再把它与花椒面、芝麻面、芝麻油等放入坯料中拌匀即可。

（5）包装　取出凉透，真空包装，杀菌后即为成品。

六、成都麻辣猪肉干

1. 原料配方

（1）配方一　猪瘦肉 50kg，精盐 750g，芝麻面 150g，白酒 250g，芝麻油 500g，大葱 500g，白砂糖 750～1000g，鲜姜 250g，酱油 2kg，五香粉 50g，辣椒面 1～1.25kg，味精 50g，花椒面 150g，植物油适量。

（2）配方二　猪瘦肉 50kg，精盐 1.75kg，酱油 2kg，老生姜 0.25kg，混合香料 0.1kg，味精 0.05kg，植物油 2.5kg，白砂糖 1kg，辣椒面 0.75kg，白酒 0.25kg，胡椒面 0.075～0.1kg。

2. 工艺流程

原料选择与修整→煮制→油炸→包装

3. 操作要点

（1）原料选择与修整　选用合格的新鲜猪前、后腿的瘦肉，修净皮、骨、筋等，冲洗干净后切成 500g 左右的肉块。

（2）煮制　把大葱挽成结，鲜姜用刀拍碎，把肉块、葱、姜一起放入清水锅中煮制 1h 左右出锅摊晾，顺肉块的筋络切成长约 5cm、宽高各 1cm 的肉条后，加入精盐、白酒、五香粉等全部辅料和酱油 1.5kg，拌和均匀，放置 30min 以上使之入味。

（3）油炸　先将植物油入锅内，其数量以能淹没原料肉为原则，将油烧至 140℃左右，把入味的原料肉入锅内油炸，不停地用铲子翻转，等出现水响声后用网子把原料肉捞起，发出干响声时即出锅。要注意火候，不能炸得过久，否则原料肉发硬，反之则绵软、不香。待出锅后的原料肉散发热气后，将白砂糖、味精和剩余的酱油搅拌均匀后倒入原料肉中拌和均匀，晾凉。取炸过原料肉后的熟植物油 2kg 加入辣椒面搅成熟辣椒油，再依次把熟辣椒油、花椒面、芝麻油、芝麻面等放入原料肉中拌和均匀。

（4）包装　冷却后真空包装，杀菌后即为成品。

七、上海猪肉干

1. 原料配方

猪瘦肉 100kg，白砂糖 9kg，味精 0.13kg，红酱油 2kg，白酱油 2kg，精盐 1.5kg，60°白酒 2kg，葱 0.5kg，姜 0.6kg，五香粉少量，苯甲酸（防腐剂）10g。

2. 工艺流程

选料及整理→水煮→调味煮制→烘干→包装→成品

3. 操作要点

（1）选料及整理　选新鲜猪瘦肉，除去脂肪及筋腱，然后用清水将瘦肉洗净沥干，切成 500g 左右的小块。

（2）水煮　将肉块放入锅中，用清水煮 30min 左右，当刚煮沸时，撇去浮沫，将肉捞出切成块。

（3）调味煮制　取一部分原汤加入辅料，用急火将汤煮沸，当有香味时改用文火，并将肉丁投入锅内，用铲不断翻炒，待汁快干时，将肉取出沥干。

（4）烘干　将沥干的肉丁平铺于铁丝网上，用火烘干。烘烤时烘炉内温度要保持 50~55℃，并需不断翻动，避免烤焦。烘干后大小约为 1cm^3。

（5）包装　冷却后真空包装，杀菌后即为成品。

八、武汉猪肉干

1. 原料配方

猪瘦肉 100kg，精盐 2kg，白砂糖 5kg，酱油 4kg，桂皮 0.5kg，八角 0.3kg，干红椒（或粉）0.4kg，白酒 2kg，味精 0.2kg，咖喱粉 0.2kg。

2. 工艺流程

原料处理→水煮→调味煮制→烘干→包装→成品

3. 操作要点

（1）原料处理　将选用的原料，去净筋膜、油脂，切成 500g 左右的肉块，放入凉水中浸泡 1h，使肉中血水渗出再捞出滤干。

（2）水煮　将滤干的肉块放入锅中加水煮至 6 成熟，捞出晾凉后，切成长方小片或小条。

（3）调味煮制　每 100kg 的原料用汤水 25kg 烧热，把辅料精盐、白砂糖、酱油、桂皮、八角、干红椒（或粉）按比例投入锅内，并把半成品同时倒入锅内煮沸。汤水快干时将锅中的肉不停翻动，并加白酒，按原料比例投入一并炒干，最后加味精、咖喱粉炒匀就出锅。

（4）烘干　将炒好的肉干晾凉后装在筛子上送入烘房，每隔 1h 把筛子上下翻动 1 次，并把肉干上下翻动摊平，经烘至 7h 肉干变硬。

（5）包装　取出凉透，真空包装，杀菌后即为成品。

九、垫江肉干

1. 原料配方

猪瘦肉 100kg，食盐 4kg，酱油 4kg，生姜 0.5kg，白砂糖 2kg，辣椒粉 2kg，白酒 0.5kg，胡椒 150kg，味精 0.1kg，花椒粉 0.4kg，混合香料 0.2kg。

2. 工艺流程

原料处理→调味煮制→收汁→烘干→包装→成品

3. 操作要点

（1）原料处理　精选猪瘦肉，剔去筋腱和脂肪。切成 1kg 左右的肉块，清水洗净，排除血污，捞起顺丝切成 3～5cm 的长方条。

（2）调味煮制　将配料中的不溶解料投入原料肉的汁水中熬 2h 左右，滤出料渣，再将白砂糖、食盐、酱油、味精等溶解料与肉条一起下锅。火力宜大，煮 20～30min 后，火力下降小火煨 1～2h，待卤汁基本收干时起锅。

（3）烘干　将肉坯放进烘筛，送入烘房的架上，温度 60～80℃。筛层与筛层不宜过密，更不能重叠，以使四面受热均匀。烘烤时间 5～8h，翻筛 2～3 次，出房即成芳香的肉干。

（4）包装　成品用陶瓷、塑料袋等分装，再装箱，放于干燥通风、阴凉的仓库，可存放 1～3 个月。

十、咖喱猪肉干

1. 原料配方

（1）配方一　精肉 50kg，精盐 1.5kg，白砂糖 7kg，酱油 2kg，味精 300g，高粱酒 1kg，咖喱粉 250g，茴香汁少许。

（2）配方二　精肉 100kg，精盐 3kg，白砂糖 12kg，咖喱粉 500g。

2. 工艺流程

原料处理→水煮→调味煮制→烘干→包装→成品

3. 操作要点

（1）原料处理　选用新鲜猪后腿和大排精肉，去皮拆骨后，将筋腱、油膜、油膘等修净，切成重 500g 的肉块。

（2）水煮　将肉块入锅加足水后，先用旺火煮烧，至肉块发硬时出锅。切成边长 1.5cm 的方形肉丁。

（3）调味煮制　取白汤 4kg，加入肉丁和全部配料（除咖喱粉），用中火翻炒，至卤汁近干时，要勤炒，勿使锅底烧焦。炒至卤汁干涸后出锅。

（4）烘干　将肉坯摊开，撒上咖喱粉（或甘草粉 250g 即成甘草猪肉干）拌匀，平铺于盘中（网盘），用 60～70℃ 温度烘 6～7h，至产品不粘手、表面干燥、咖喱粉明显可见时（即成为颗粒状）即为大约 $1cm^3$ 的肉干。

（5）包装　取出凉透，真空包装，杀菌后即为成品。

十一、山东牛肉干

1. 原料配方

牛肉 5kg，食盐、辣椒酱各 70g，红辣椒面 25g，白酒 250g，白砂糖 50g，味精 20g，大葱、鲜姜、八角各少量。

2. 工艺流程

选料及整理→煮制→切片→再次煮制→烘干→包装→成品

3. 操作要点

（1）选料及整理　选用新鲜肥壮牛的前、后腿肉，切成约 500g 重的块，用清水冲洗干净，沥水。

（2）煮制　沥干的牛肉块放入煮锅中，加水以淹没肉块为度，同时放入大葱、鲜姜、八角，进行煮制，煮至肉块成熟，捞出。

（3）切片　煮好的牛肉块趁热剔去筋油，再切成薄片。

（4）再次煮制　煮牛肉的肉汤从锅起出，滤去杂质，再放入煮锅中，下入牛肉片，加食盐、白酒、辣椒酱、红辣椒面、白砂糖、味精，再进行煮制，煮至肉熟，沥干，铲出。

（5）烘干　牛肉片平铺在铁丝网架上，再送入烘炉中，进行烘制，烘房温度保持在 55～60℃，约烘 15h，烘至肉片干透即成。

（6）包装　烘好的牛肉片晾凉，小袋真空包装，杀菌后即成为成品。

十二、灯影牛肉干

灯影牛肉肉片薄如纸，色红亮，味麻辣鲜脆，细嚼之，回味无穷。因肉片可以透过灯影，有民间皮影戏之效果而得名。

灯影牛肉的具体加工方法也存在着一定的差异，现介绍两种方法。

（一）方法一

1. 原料配方

（1）配方一　净料肉 100kg，食盐 2～3kg，白砂糖 1kg，白酒 1kg，芝麻油 2kg，胡椒粉 300g，花椒粉 300g，浓度 2% 的硝水（硝酸钾或硝酸钠溶液）1kg，生姜 1kg，混合香料（即肉桂 25%、丁香 3%、荜拨 8%、八角 50%、甘草 2%、桂子 6%、山奈 6% 磨成粉末）200g。

（2）配方二　牛肉 100kg，食盐 1.0kg，白砂糖 1.0kg，黄酒 10.0kg，鲜姜 4.0kg，芝麻油 1.0kg，花椒粉 0.6kg，辣椒粉 1.0kg，五香粉 0.4kg，味精 0.2kg，熟植物油 50.0kg（约耗油 20kg）。

2. 工艺流程

原料选择及整理→发酵→切片→配料→腌制→烘烤→冷却→包装→成品

3. 操作要点

（1）原料选择及整理　选取牛的里脊肉和腿心肉，约占整头牛总质量的 20%。腿心肉以后腿肉质最佳，以肉色深红，纤维较长，脂肪、筋膜较少，有光泽，有弹性，外表微干不粘手的牛肉为原料。将选好的牛肉剔除筋膜和脂肪，洗净血水，沥干后切成质量约 250g 的肉块。原料选用至关重要，必须严格，因为有筋的肉不能开片，过肥或过瘦的牛肉也不适于加工。过肥的肉出油多，损耗大；过瘦的肉会粘刀，烘烤时体积会缩小。

（2）发酵　排酸也就是发酵过程，俗称"发汗"。发酵容器：冬天气温低可用缸，夏天气温高可用盆，但均需洗净。将肉块从大到小、纤维从粗到细从容器底部码放到上部。码放完后用纱布盖好，等肉"发汗"就切片。"发汗"是指上面一层肉块略有酸味，肉块上发黏，用手触摸有粘手的感觉。发酵时间春季为12～14h，夏季为6～7h，秋季为16～18h，冬季为22～26h。如冬季气温太低，可人工升温促进发酵过程。发酵排酸的最佳温度为10～12℃。

（3）切片　发酵以后的肉很软，具有弹性，没有血腥味，便于切片。切片也有一定的讲究：先把案板和肉块用清水稍稍弄湿，避免肉在案板上滑动影响操作；切片要均匀，厚度不要超过0.2cm，不能有破洞，也不要留脂肪和筋膜。如果肉片太薄不便于后面的烘烤，会从筲箕上滑落；如果太厚，烘烤时生熟不一，吃料也不均匀，都会影响质量。

（4）配料、腌制　按配方进行调配，把除植物油以外的其他辅料与肉片拌匀，每次拌5kg肉片为宜，以免香料拌和不匀或肉被拌烂。拌匀后放置10～20min。

（5）烘烤　灯影牛肉的传统烘烤是把肉贴在筲箕上，入烘房烘烤。筲箕是四川当地的一种家用器具，多以毛竹篾编制而成。先在筲箕上刷一层植物油，便于湿肉片烤干后脱落。再把肉片按照肉的纹路横着铺在筲箕上，不要交叠太多，每片肉要贴紧。烘房内的铁架子分成上下两层，把铺好肉的筲箕先放在下一层（温度较高）进行烘烤，一般60～70℃最好。火力过猛容易烤糊、烤焦，火力过小、烘烤温度过低，肉片难以变色。等烘到水汽没有了，肉片转到棕黄色时，将筲箕转到上层去烘烤。在烘烤过程中如发现颜色和味道不正常，要及时对备料过程进行检查。一般进房3～4h就可出房。

现在灯影牛肉一般都改用烘箱烘烤。将腌好的肉片平铺在钢丝网或竹筛上，钢丝网或竹筛先要抹一层熟植物油。铺肉片时要顺着肌纤维方向，片与片之间相互连接，但不要重叠太多，而且根据肉片厚薄施以大小不同的压力以使烤出的肉片厚薄均匀。然后送入烤箱内，在60～70℃下烘烤3～4h即可。

（6）冷却、包装　肉片冷却2～3min，淋上芝麻油，就可把成品取下。传统保藏方法是将成品贮于小口缸内，内衬防潮纸，缸口密封。现在多为装入马口铁罐或塑料袋内封口保藏。

（二）方法二

1. 原料配方

牛肉 100kg，白砂糖 5.0kg，花椒粉 3.0kg，辣椒粉 5.00kg，黄酒 2.0kg，精盐 1.0kg，五香粉 0.2kg，味精 0.2kg，姜 3.0kg，芝麻油 2.0kg，熟植物油 100kg（实耗 30kg）。

2. 工艺流程

原料及预处理→烘烤→油炸→调配→冷却、包装→成品

3. 操作要点

（1）原料及预处理　选用牛后腿上的腱子肉，去除浮污保持洁净，切去边角，片成大薄片。将牛肉片放在案板上铺平理直，均匀地撒上炒干水分的盐，裹成圆筒形，然后在通风处晾晒至牛肉呈鲜红色（夏天约 14h，冬天 3～4d）。

（2）烘烤　将晾干的牛肉片放在烘炉内，平铺在钢丝架上，用木炭火烘约 15min，至牛肉片干结。然后上笼蒸约 30min 取出，切成长 4cm、宽 2cm 的小片，再上笼蒸约 1.5h 取出。

（3）油炸　炒锅烧热，下植物油烧至七成热，放入姜片炸出香味，捞出，待油温降至三成热时，将锅移置小火灶上，放入牛肉片慢慢炸透，沥去约 1/3 的油。

（4）调配　烹入黄酒拌匀，再加辣椒、花椒粉、白砂糖、味精、五香粉等辅料，颠翻均匀，起锅晾凉，淋上芝麻油即成。

（5）包装　炸好的牛肉片晾凉，小袋真空包装，杀菌后即为成品。

第二节　肉松食品

一、传统牛肉松

1. 原料配方

牛肉 100kg，盐 2.5kg，白砂糖 2.5kg，葱末 2.0kg，姜末 0.12kg，八

角 1.0kg，曲酒 1.0kg，丁香 0.10kg，味精 0.20kg，酱油适量。

2. 工艺流程

原料肉的选择和处理→煮制→撕松→收汤（炒压）→炒松→烘制→搓松→拣松→烘制→无菌包装→成品

3. 操作要点

（1）原料肉的选择和处理 一般选用新鲜的、卫生检验合格的牛后腿肉为原料。若为冷冻牛肉，在水中化冻后，应具有光泽，呈现出基本均匀的红色或深红色，肉质紧密、结实，无异味或臭味，肉解冻至内部稍软即可。将原料先去除皮、骨和肥膘等，然后依肉的筋络将大块分成 0.5kg 左右的小块，顺着肌纤维方向切成 3～4cm 长的条状。保证块形一致，也就是同一锅煮的肉块的大小应保证基本一致。

（2）煮制 将香辛料用纱布包好后和处理好的牛肉条一起放入夹层锅中，加入与肉等量的水，煮沸后，撇去油沫（血沫、油花等杂质），大火煮 30min，用文火焖煮 3～4h，直到煮烂为止。煮烂的标志是：用筷子稍用力夹肉块时，肌肉纤维能分散。在此步骤中，撇去浮沫是肉松制品成功的关键，它直接影响到成品的色泽、味道、成品率和保质期。撇浮沫的时间一般在煮制 1.5h 左右时，目的是让辅料充分、均匀地被肉纤维吸收。

（3）撕松 将煮烂的肉条从锅中捞出，放在已消毒的案板上，趁热用木桩敲打，使肌纤维自行散开。

（4）收汤（炒压） 肉块煮烂后，改用中火，加入酱油、曲酒等，一边炒一边压碎肉块，然后加入白砂糖、味精等，减小火力，收干肉汤，并用温火炒压肉丝至纤维松散。

（5）炒松 将煮制好的肉块放到平底锅中进行翻炒，翻炒时依次加入白砂糖、酱油和味精等佐料。炒制的目的就是使料液完全溶解，肉丝与辅料充分拌匀，使料液溶入肉内，不结团、无结块、无焦斑、无焦味、无汤汁流出；减少水分，使肉坯变色。经炒制 45min 后，半成品肉松中的水分减少，把它捏在手掌里，没有汤汁流下来时，就可以起锅。

（6）烘制 半成品肉松纤维较嫩，为了不使其受到破坏，第一次要用文火烘制，烘松机内的肉松中心温度以 55℃为宜，烘 4min 左右，然后将肉松倒出，清除机内锅巴后，再将肉松倒回去进行第二次烘制，烘制

15min 即可。分两次烘制的目的是减少成品中的锅巴和焦味，提高成品品质。经过 2 次烘制，原来较湿的半成品肉松会比较干燥、蓬松及轻柔。烘制过程应确保产品无结块、无结团、无异物，产品的水分含量不超过 10％，且每锅产品含水量应基本均匀。

（7）搓松　用搓松机搓松，使肌纤维呈绒状松软状态。

（8）拣松　在拣松机中，利用机器的跳动，使肉松从拣松机上面跳出，而肉粒从下面落出，使肉松和肉粒分开。

（9）无菌包装　加工好的肉松在无菌室冷却后，无菌包装，即得成品。

二、平都牛肉松

1. 原料配方

鲜牛肉 100kg，白砂糖 8kg，白酒 0.6kg，白酱油 14kg，生姜 1kg，豆油 2kg。

2. 工艺流程

选料及整理→煮制→收汤→烘炒→擦松→包装→成品

3. 操作要点

（1）选料及整理　选新鲜牛后腿肉，剔除筋头、油膜，并用清水洗净，排除血污，下沸水焯一下，撇走油污和泡沫。顺着肉的纤维纹路切成肉条，然后切成长约 7cm、宽约 3cm 的短条。

（2）煮制　100kg 肉用清水 30～35kg，下锅边煮边打油泡，待打尽泡子后，放入生姜、食盐再煮 3h 左右，到以筷夹肉，抖散成丝为度；撇去汁液上的油质和浮污。然后把液舀起，只留少许在锅内；挑尽残骨、油筋、杂物，用锅铲将肉松坯全部拍散成丝状。再将原汁倾入锅内，加入豆油 2kg 再煮，边煮边撇去上浮汁液。30min 后加入白酒，分解油质继续撇油多次。

（3）收汤　当油撇清后，火力要加大，待锅内的汤大部分蒸发后，火力减弱，最后仅留小火保温，否则会粘锅影响肉松质量，待肉汤及辅料全部吸收后，即可盛起送入炒松机炒松。

（4）烘炒　炒松前必须对炒松机进行检查，保持清洁卫生，然后将肉松倒入机内。在烘炒过程中，火力要正常，初步估计，炉管温度一般在300℃左右。过高、过低对产品质量都有影响。经过 40～50min 的烘炒，其间不断检查，确保水分含量不超过 16％，以包装之前测定水分含量为17％以内为宜。

（5）擦松　烘炒好的肉松应立即送入擦松机擦松，擦松的目的是使肉松纤维疏松。根据肉松的情况擦一遍、二遍，个别的擦三遍为止。

（6）包装　真空小包装，杀菌后装大袋即为成品。

三、哈尔滨牛肉松

1. 原料配方

瘦牛肉 100kg，酱油（优质）10～18kg，精盐 2kg，白砂糖 6kg，味精0.4kg，绍兴酒 3kg，生姜 0.5kg，豆油 2kg。

2. 工艺流程

原料整理→切条→煮肉→撇汤→复煮→烘炒→擦松→包装→成品

3. 操作要点

（1）原料整理　选新鲜牛后腿肉，剔除筋头、油膜，并用清水洗净，排除血污，下沸水焯一下，撇去油污和泡沫。顺着肉的纤维纹路切成肉条，然后切成长约 7cm、宽约 3cm 的短条。

（2）煮肉　100kg 肉用清水 30～35kg，下锅边煮边打油泡。

（3）撇汤　待打尽泡子后，放入辅料再煮 3h 左右，到以筷夹肉、抖散成丝为度；撇去汁液上的油质和浮污。然后把液舀起，只留少许在锅内；挑尽残骨、油筋、杂物，用锅铲将肉松坯全部拍散成丝状。再将原汁倾入锅内，加入豆油 2kg 再煮，边煮边撇去上浮汁液。30min 后加入绍兴酒，分解油质继续撇油多次。

（4）复煮　当油撇清后，火力要加大，待锅内的汤大部分蒸发后，火力减弱，最后仅留小火保温，否则会粘锅影响肉松质量，待肉汤及辅料全部吸收后，即可盛起送入炒松机炒松。

（5）烘炒　炒松前必须对炒松机进行检查，保持清洁卫生，然后将肉松倒入机内。在烘炒过程中，火力要正常，初步估计，炉管温度一般在

300℃左右。过高、过低对产品质量都有影响。经过 40～50min 的烘炒，其间不断检查，确保水分含量不超过 16%，以包装之前测定水分含量为 17% 以内为宜。

（6）擦松　烘炒好的肉松应立即送入擦松机擦松（擦松的目的是使肉松纤维疏松），根据肉松的情况擦一遍、二遍，个别的擦三遍为止。

（7）包装　真空小包装，杀菌后装大袋即为成品。

四、家制牛肉松

1. 原料配方

牛肉 1kg，黄酒、白酱油各 50g，白砂糖 150g，食盐 25g，味精 3g，葱、姜各适量。

2. 工艺流程

选料→煮制→擦松→成品

3. 操作要点

（1）选料　选新鲜牛腿肉，除去筋腱、肥膘、衣膜后，切成小块。

（2）煮制　将肉块、葱、姜同时入锅，加水与肉平，用旺火煮沸，撇沫。然后边煮边撇浮油，至肉酥后，加入黄酒、白砂糖、食盐、白酱油和味精，改用小火焖烂。弃去葱、姜，用旺火边炒边收汤，防止烧焦，至汤汁近干时，再用小火将肉烘干。

（3）擦松　肉块出锅，在擦板上轻轻擦松，即成纤维状肉松。

五、太仓肉松

1. 原料配方

（1）配方一　猪瘦肉 100kg，食盐 3.0kg，黄酒 2.0kg，酱油 35.0kg，白砂糖 2.0kg，味精 0.2～0.4kg，生姜 1.0kg，八角 0.5kg。

（2）配方二　猪瘦肉 100kg，食盐 1.67kg，酱油 7.0kg，白砂糖 11.1kg，50°白酒 1.0kg，八角 0.38kg，生姜 0.28kg，味精 0.17kg。

（3）配方三　猪瘦肉 100kg，酱油 25.0kg，茴香 0.12kg，黄酒 1.5kg，生姜 1.5kg，白砂糖或冰糖 2.5kg。

2. 工艺流程

原料选择和整理→配料→煮制→炒松→搓松→包装→成品

3. 操作要点

（1）原料选择和整理　选用卫生检验合格的新鲜猪后腿瘦肉为原料，剔去骨、皮、脂肪、筋膜及各种结缔组织等，再顺着肌肉纹路切成 0.5kg 左右的肉块。用冷水浸泡 30～60min，洗去淤血和污物，漂洗后沥干水分。

（2）配料、煮制　太仓肉松的配方，按照生活习惯不同进行选择。按配方称取配料，将生姜、八角或茴香等香辛料用纱布包扎成香料包，和肉一起入锅，加入与肉等质量的清水（水浸过肉面）大火煮制，汤汁减少则需加水补充，煮制期间还要不断翻动，使肉受热均匀，并撇去上浮的油沫。油沫主要是肉中渗出的油脂，必须撇除干净，否则肉松不易炒干，还容易煳锅，成品颜色发黑。当肉煮到发酥时（约需煮 2h），放入黄酒或白酒，继续煮到肉块自行散开时，再加入白砂糖，并用锅铲轻轻搅动，30min 后加入酱油和味精，继续煮到汤料快干时，改用中火，防止焦块，经翻动几次后，肌肉纤维完全松散，即可炒松。煮制时间共 4h 左右。

（3）炒松　取出香辛料，采用中火，用锅铲一边压散肉块，一边翻炒，勤炒勤翻。炒压操作要轻并且均匀，注意掌握时间。因为过早炒压难以炒散；而炒压过迟，肉太烂，容易粘锅、焦煳，造成损失。当肉块全部炒至松散时，要用小火翻炒，操作轻而均匀，直至炒干时，颜色由灰棕色变为金黄色，含水量为 20% 左右，具有特殊香味时可结束炒松。

（4）搓松　为了使炒好的肉松进一步蓬松，可利用滚筒式搓松机将肌纤维搓开，再用振动筛将长短不齐的纤维分开，使产品规格一致。

（5）包装　肉松水分含量低，吸水性很强，贮藏可用塑料袋真空包装，也可用玻璃瓶或马口铁罐包装。

六、福建肉松

1. 原料配方

　　猪瘦肉 50kg，白砂糖 5kg，白酱油 3kg，黄酒 1kg，桂皮 100g，鲜姜 500g，大葱 500g，味精 475g，猪油 7.5kg，面粉 4kg，红曲米适量。

2. 工艺流程

　　原料选择与整理→煮肉→炒松→油酥→包装→成品

3. 操作要点

　　（1）原料选择与整理　选用新鲜猪后腿精瘦肉，剔除肉中的筋腱、脂肪及骨等，顺肌纤维切成 0.1kg 左右的肉块，用清水洗净，沥干水。

　　（2）煮肉、炒松　将洗净的肉块投入锅内，并放入桂皮、鲜姜、大葱等香辛料，加入清水煮制，不断地翻动，舀出浮油。当煮至用铁铲稍翻动即可使肉块纤维散开时，加入红曲米、白砂糖、白酱油等，根据肉质情况决定煮制时间，一般煮 4～6h，待锅内肉汤收干后出锅，放入容器晾透。然后把肉块放入另一锅内炒制，用小火慢炒，让水分慢慢地蒸发，炒到肉纤维不成团时，再用小火烘烤，即成为肉松坯。

　　（3）油酥　在炒好的肉松坯中加入猪油、味精、面粉等，搅拌均匀后放到锅中用小火烘焙，随时翻动，待大部分松坯都成为酥脆的粒状时，用筛子把小颗粒筛出，剩下的颗粒松坯倒入加热的猪油中，不断搅拌，使松坯与猪油均匀结成球形圆块，即为成品。熟猪油加入量一般为肉重的40%～60%，夏季少些，冬季可多些。

　　（4）包装　由于福建肉松产品脂肪含量高，保藏期间易因脂肪氧化而变质，因而保质期较短。采用真空包装或充气（氮气）包装能有效延长保质期。

七、济南猪肉松

1. 原料配方

　　猪瘦肉 5kg，酱油 100g，白砂糖 300g，黄酒 200g，干贝 15g、虾干

15g，鲜姜 50g，茴香 10g，桂皮 5g、八角 5g。

2. 工艺流程

原料处理→调味煮制→收汤→烘炒→擦松→包装→成品

3. 操作要点

（1）原料处理　选用鲜猪瘦肉，去净皮、骨、肥膘、筋腱等，再顺着猪瘦肉的纤维纹路切成肉条，然后切成长约 7cm、宽约 3cm 的短条。

（2）调味煮制　短猪肉条放入锅，加入与肉等量的水，鲜姜、茴香、桂皮、八角等装入纱布袋扎口，放入锅内。煮至 1h，撇去上浮的油沫。等肉将煮烂时，加入干贝、虾干、酱油，再煮至没有油腻为止。此时若肉没有烂而水将干，可酌情再加点开水。

（3）收汤　当油撇清后，火力要加大，待锅内的汤大部分蒸发后，火力减弱，最后仅余小火保温，否则会粘锅影响肉松质量，待肉汤及辅料全部吸收后，即可盛起送入炒松机炒松。

（4）烘炒　炒松前必须对炒松机进行检查，保持清洁卫生。在烘炒过程中，火力要适中，初步估计，炉管温度一般在 300℃左右。过高、过低对产品质量都有影响。经过 40～50min 的烘炒，其间不断检查，确保水分含量不超过 16%，以包装之前测定水分含量 17% 以内为宜。

（5）擦松　烘炒好的肉松应立即送入擦松机擦松（擦松的目的是使肉松纤维疏松），根据肉松的情况擦一遍、二遍，个别的擦三遍为止。

（6）包装　真空小包装，杀菌后装大袋即为成品。

八、上海猪肉松

1. 原料配方

猪腿肉 10kg，白酱油 0.01kg，酱油 0.01kg，白砂糖 0.002kg，盐 0.15kg，味精 1.5kg，高粱酒 0.25kg，生姜 0.025kg。

2. 工艺流程

原料处理→烧肉→撇油→炒松→擦松→跳松→拣松→包装→成品

3. 操作要点

（1）原料处理　以猪腿瘦肉为原料，经修割去净膘、皮、筋、腱、骨等，切成小块。

（2）烧肉　双重釜中放满水，倒入原料和生姜，开足蒸汽旺火烧，待水烧沸，撇净锅面的油沫杂质，用铲刀翻动锅内原料，覆以压篱，盖盖，烧煮 2.5 小时左右。捞出置于 2 只钢精盘上。

（3）撇油　将一锅（即一盘）原料倒入双重釜内，加适量的水和三桶原汁汤，同时加入酱油、白酱油。开放蒸汽、烧煮、捞清肉筋、撇净油汤，待肉汤逐渐收缩到约剩 2 桶时，加入高粱酒，待汤干油尽，再翻炒 45min 左右，加入白砂糖、味精，15min 后起锅。历时共约 30h。

（4）炒松　将起锅的原料，放入铲刀或炒松机上，用温火炒 45min 左右。

（5）擦松　炒好的肉松转入滚筒式擦松机内，利用滚筒内皮带不断转动的原理，使肉分散蓬松。

（6）跳松　擦好的肉松转入跳松机内，通过振动，使肉松和下脚料各自向两极分开。

（7）拣松　将肉松置于竹匾内，手工翻动，拣出成粒的另做处理。出现在竹匾底部的粉末，如无焦屑，仍可放在肉松中。

九、福州"鼎日有"肉松

1. 原料配方

猪瘦肉 100kg，酱油 10kg，白砂糖 8kg，红糖 5kg，黄酒 1.5kg，生姜 2kg，猪油适量。

2. 工艺流程

原料处理→调味煮制→撇油→炒松→油酥→包装→成品

3. 操作要点

（1）原料处理　选用猪后腿为原料，将腿肉剖开，修割去净膘、肉皮、筋络、骨头等，再切成拳头大的块状。

（2）调味煮制　置猪瘦肉于锅内，加入清水，用旺火烧沸后，不盖锅盖，水少时，须随时加水。待肉逐渐发酥，加上黄酒、生姜，继续烧煮，至肉块自行散开时，加上白砂糖、红糖，用铲刀轻轻翻动，30min 后加入酱油，到酱油和汤水快要烧干时，改用文火烧，防止起焦块。

（3）炒松　锅内倒入配料后，不断地翻动肉块，将肉块挤碎挤松，一直至锅内肉汤烧干方止，然后分小锅炒，用铁瓢翻动挤压，使水分逐渐烤干，待肉松纤维疏松不成团时，改用小火烘烤，即成"肉松坯"。

（4）油酥　将"肉松坯"再放到小锅内小火加热，用铲刀翻动，待到80%的"肉松坯"成为酥脆的粉状时，用铲刀铲起，用铁丝筛子筛分，去除颗粒后，再将粉状"肉松坯"置于钵内，倒入已经加热熔化成液体的猪油，用铲刀拌和，结成圆球形的圆粒，即为肉松。

（5）包装　真空小包装，杀菌后装大袋即为成品。

十、麻辣兔肉松

1. 原料配方

兔肉：水＝1∶1，辣椒 3%，花椒 1%，食盐 2%，橘皮 0.5%，茴香0.25%，味精 0.5%，谷物粉 5%。以上均以肉＋水的质量计。

2. 工艺流程

原料验收→清洗→切肉条→预煮→配料→煮肉→煮炒→炒松→包装→成品

3. 操作要点

（1）原料验收　兔子宰杀后，除去骨、皮、脂肪、筋腱及结缔组织等，清洗干净。然后将瘦肉顺其纤维纹路，切成肉条后，再横切成 3cm 长的短条。

（2）预煮、配料　把切好的瘦肉放入锅中，煮制 15min，撇去上浮的油沫，然后按肉与水总重配料，肉与水等重。

（3）煮肉　这一阶段目的就是要把瘦肉煮烂。这时需用大火煮，煮沸以后直到煮烂为止。如肉末煮烂水已干时，可以酌量加水，当用筷夹肉块，稍加压力，若肉纤维自行分离，则表示肉已煮烂，并继续煮至汤快干时为止。

（4）煮炒　这时宜用中等火，边用锅铲压散肉块，边翻炒，要注意不要炒得过早或过迟。炒压过早，肉块未烂，不易压散，工效很低；炒压过迟，肉块太烂，容易产生焦锅糊底现象，造成损失。

（5）炒松　这时用小火连续勤炒勤翻，操作要轻而均匀，在肉块全部松散和水分完全炒干时，颜色就由灰棕变成白色，最后就成为具有特殊香味的肉松。

（6）包装　肉松短期贮藏时，可装入防潮纸内或塑料袋内，如果需要长期保藏，可用玻璃瓶或铁盒包装。

第三节　肉脯食品

一、五香牛肉脯

1. 原料配方

鲜牛肉 5kg，食盐 300g，八角 10g，味精 10g，鲜姜 15g，油 250g，水约 2.5kg。

2. 工艺流程

原料处理→腌制→煮制→切片→包装→成品

3. 操作要点

（1）原料处理　选用新鲜黄牛肉，洗干净，切成 3～5cm 的长方块。

（2）腌制　牛肉块加食盐进行腌制，夏季腌 12h 左右，冬季腌制 24h 左右。

（3）煮制　腌好的牛肉块放入锅中，加入辅料，用文火煮 3h 左右，出锅，沥干切小片即成。

（4）包装　将牛肉晾凉，小袋真空包装，杀菌后即成为成品。

二、明溪肉脯干

1. 原料配方

新鲜牛后腿瘦肉 5kg，陈酒糟、大蒜、五香粉、精盐、酱油、味精各适量。

2. 工艺流程

原料处理→腌制→烘烤→包装→成品

3. 操作要点

（1）原料处理　加工时取新鲜牛后腿瘦肉，用锋利的剥刀逐层切剥。所剥之肉，其薄如纸。

（2）腌制　用陈酒糟、大蒜、五香粉、精盐、酱油、味精等调料拌匀腌制。

（3）烘烤　将腌制牛肉片用木炭火慢慢烘烤。

（4）包装　将牛肉脯晾凉，小袋真空包装，杀菌后即成为成品。

三、靖江牛肉脯

1. 原料配方

牛肉 5kg，鸡蛋 2 个，八角（磨粉）10g，五香粉 10g，生姜汁 10g，鱼露 315g，白砂糖 750g，味精 15g，黄酒 45g，胡椒粉、小苏打少许。

2. 工艺流程

原料处理→腌制→烘烤→包装→成品

3. 操作要点

（1）原料处理　将牛肉切成小块，剔去牛筋和牛油。

（2）腌制　鸡蛋磕在钵内，加鱼露、八角粉、五香粉、胡椒粉、姜汁、小苏打、味精、白砂糖、黄酒调成卤汁。将牛肉块放入拌匀并腌渍 30min。

（3）烘烤　在铁筛内抹上一层洁净猪油，以免粘连。然后取出牛肉块再切成长约 8.3cm、宽约 7cm、厚约 1cm 的薄片，一片片摊在铁筛内放在烧木炭的平面烘炉上反复烘烤 5min 左右即成。

（4）包装　将牛肉脯晾凉，小袋真空包装，杀菌后即成为成品。

四、北京牛肉脯

1. 原料配方

牛肉 50kg，味精 25g，橘子 2kg，白砂糖 5kg，酱油 4.5kg，姜 25g，料酒 1kg，芝麻油 400g。

2. 工艺流程

选料→切片→加料→烘烤→包装→成品

3. 操作要点

（1）切片　将牛后腿纯瘦肉去杂洗净，做些修整，稍加冷冻后用刀切成半透明状的薄片。

（2）加料　将辅料混匀，拌到肉片中，放入辅料的盘内浸泡 3h 后，平铺在烤盘上。

（3）烘烤　入烘炉内，在 140℃的烤炉内烤 15min，取出再放回辅料盘中浸泡 10min，然后再浸入芝麻油、白砂糖的溶液中，待黏着均匀、肉片发亮即成。

（4）包装　冷却，真空小袋包装，杀菌即为成品。

五、陕西五香腊牛肉

1. 原料配方

生牛肉 90kg，盐 2.5kg，茴香 250g，八角 31g，草果 16g，桂皮 120g，花椒 93g，鲜姜片 62g，食用红色素 24g。

2. 工艺流程

　　　　鲜肉整理→腌制→配料→煮制→切片→包装→成品

3. 操作要点

　　（1）鲜肉整理　把牛肉切割成 1.5～2kg 重的肉块，后腿肉较厚部位须用刀划开。

　　（2）腌制　冬季每缸放生肉 90kg、净水 70kg，夏季放生肉 60kg，水可稍多一些。冬季每 25kg 加盐 0.5kg，夏季每 20kg 加盐 0.5kg。缸内浸腌的肉，冬季每天用木棍翻搅 4～5 次，夏季翻搅要勤，冬季腌肉缸放在温暖室内，使肉色易于变红，夏季肉缸放在阴凉处，以免温度高，肉易变质。这样，冬季至少腌制 7d，夏季腌 1～2d，腌浸好的肉用笊篱捞出，沥干水，再用净水冲洗一次。

　　（3）配料　冬季每锅煮生肉 90kg，用盐 2.5kg，夏季每锅 65kg，用盐 3.5kg。不论季节，将配料茴香、八角、草果、桂皮、花椒，用纱布包好，外加鲜姜片同时下锅。

　　（4）煮制　先将老汤连同新配料一并烧开，并将汤沫打净，再将盐放在肉上面，每隔 1h 用木棍翻动一次，锅内的汤以能把肉淹没为度。当肉煮至八成熟时，加入食用红色素，煮出的肉即呈鲜红色。每锅生肉煮 8h 才能出锅。

　　（5）包装　肉出锅时，应用锅内的沸汤把肉上浮油冲净，即成美味可口的腊牛肉。晾凉切片，小袋真空包装，杀菌后即成为成品。

六、茶味牛肉脯

1. 原料配方

　　　　鲜牛肉 10kg，食盐 250g，白砂糖 500g，速溶茶 150g，生姜 25g，白酒 100g，味精 50g，桂皮 15g，八角 20g，花椒 15g，丁香 10g，辣椒酱 50g，红辣椒面 30g。

2. 工艺流程

　　　　鲜肉整理→煮制→切片→再次煮制→烘干→包装→成品

3. 操作要点

（1）鲜肉整理　选用新鲜肥壮的牛前、后腿肉，切成约 500g 重的块，用清水冲洗干净，沥水。

（2）煮制　沥干的牛肉块放入煮锅中，加水以淹没肉块为度，同时放入生姜、桂皮、八角、花椒、丁香进行煮制，煮至肉块成熟，捞出。

（3）切片　煮好的牛肉块趁热剔去筋油，再切成薄片。

（4）再次煮制　煮牛肉的肉汤从锅起出，滤去杂质，再放入煮锅中，下入牛肉片，加食盐、辣椒酱、红辣椒面、白砂糖、味精、白酒，再进行煮制，煮至肉熟，沥尽水，铲出。

（5）烘干　牛肉片平铺在铁丝网架上，把速溶茶粉均匀地涂撒在肉表面，送入烘炉中，进行烘制，烘房温度保持在 55～60℃，约烘 15h，烘至肉片干透即成。

（6）包装　烘好的牛肉片晾凉，小袋真空包装，杀菌后即成为成品。

七、脆嫩牦牛肉脯

1. 原料配方

腌制料配方：原料肉质量 100％，木瓜蛋白酶 0.05％，食盐 1.8％，亚硝酸钠 0.01％，异抗坏血酸钠 0.05％，复合天然香辛料 0.1％，味精 0.3％，白砂糖 3.0％，葡萄糖 2.5％。

2. 工艺流程

原料肉的选择及修整→切片→腌制、嫩化→摊筛、干燥→蒸制→二次干燥→包装→成品

3. 操作要点

（1）原料肉的选择及修整　取卫生检验合格的新鲜牦牛肉为原料，若为冷冻肉，则需先行解冻。原料肉冲洗干净，修去筋膜及脂肪，分割成适当大小的肉块后装模，送入冷冻间速冻至肉块中心温度达 −5～−2℃，成型。

（2）切片　块肉经冻结成型后，脱模取出肉块，用半自动切片机或手

工顺肉纤维方向切成厚度为 2mm 左右的薄片。

（3）腌制、嫩化　腌制的基本目的是对制品起到防腐、稳定肉色、提高肉的保水性和改善肉品风味的作用，并通过木瓜蛋白酶的作用软化肌纤维及结缔组织，使肉质嫩度改善。所以腌制时间和温度的选择应以适合木瓜蛋白酶的作用为依据。将肉片与各辅料充分拌和，放置在室温下，腌制 20min。碎肉则在绞碎之后即行腌制，条件与肉片腌制一样。

（4）摊筛、干燥　准备金属筛，先刷涂一层植物油，将肉片整齐摊放。然后送入烘箱，控制温度在 45～55℃，烘干 3～4h。此阶段干燥温度较低，主要目的是去除部分水分，使肉片干燥定型。

（5）蒸制　干燥定型后的肉片送入蒸锅，蒸 8～10min，目的是使肉片熟化，并通过高温蒸制使部分结缔组织软化，肉片的嫩度进一步得到改善。

（6）二次干燥　将肉片摊筛铺放，入烘箱进行第二次干燥，使肉片的水分进一步脱除，达到成品水分含量的要求。温度为 80～85℃，干燥时间 30～35min，肉脯最终水分含量在 20％以下。

（7）包装　干燥完成的肉脯移入冷却间冷却，真空包装后即为成品。为了提高产品的风味口感，也可在包装前再拌和一定量的调味料。

八、休闲牛肉棒

1. 原料配方

牛肉 75kg，猪肉 20kg，食盐 2.5kg，亚硝酸钠 0.01kg，白砂糖 0.7kg，混合香料 1.5kg，柠檬酸适量。

2. 工艺流程

原料肉预处理→绞制→搅拌→和料搅拌→再绞制→再搅拌→灌浆→干燥→烟熏→蒸制→喷淋→包装→成品

3. 操作要点

（1）原料肉预处理、绞制　原料肉放在干净卫生的解冻池中解冻，牛肉应完全浸没在流动的清水中，水温控制在 1～5℃，室温控制在 15℃以下。牛肉必须完全解冻，要求肉中心无冻块和硬块，然后剔除筋膜、腱、软骨、淋巴、淤血、脂肪、污物等，再用清水冲洗表面血污，沥干水分后备用。把牛肉通过绞肉机绞细。

（2）搅拌　搅拌温度控制在4℃以下，此过程应避免温度升高，以免脂肪组织破坏。

（3）和料搅拌　加入配方中调料继续搅拌。

（4）再绞制、再搅拌　将搅拌好的肉馅用4～5mm孔板再绞细。将绞制后的肉馅与酸味物质（如柠檬酸）混合均匀。如果加入微胶囊包埋柠檬酸，应仔细加入，慢慢搅拌，以保证不破坏微胶囊。

（5）灌浆　将搅拌好的肉馅真空灌装入14～16mm口径的胶原蛋白肠衣。

（6）干燥、烟熏　应保证较好的空气流通及烟熏。

（7）蒸制　在烟熏炉内采用阶梯蒸汽蒸制，至中心温度为69℃。

（8）喷淋　冷水喷淋3min，将产品悬挂至室温并保持12h。

（9）包装　包装后的产品保证每一节的长度相同、质量相同。

九、麻辣牛肉豆腐条

1. 原料配方

卤豆腐干10kg，牛肉1kg，花生米3kg，黑芝麻0.3kg，白砂糖0.1kg，料酒0.1kg，精盐0.35kg，豆油0.5kg，味精30g，八角9g，茴香10g，尼泊金乙酯1.28g，丁香3g，肉豆蔻8g，陈皮10g，草果6g，山奈6g，桂皮9g，生姜100g，大蒜50g，花椒25g，白胡椒9g，红干辣椒20～50g。

2. 工艺流程

花生米→清选→淘洗→加牛肉汤→煮制

↓

卤豆腐干→蒸软→切条→加牛肉汤→入味→沥干→混合调配→包装→杀菌→检验→成品

↑

黑芝麻→清洗→淘洗→晾干→炒熟

3. 操作要点

（1）制牛肉汤和五香花生米　新鲜牛腿肉入锅加水煮沸，去浮沫，加入香辛料包（留下花椒20g及全部红干辣椒），再煮沸20min，添加食盐、白砂糖及少许料酒，加入花生米煮制20～25min，捞出沥干。

（2）卤豆腐　干蒸汽加热、软化20～25min，取出稍凉，切成40mm×10mm×4mm条状，倒进牛肉汤中煮沸，60～70℃焖40min，再煮沸，加入剩余料酒，再焖20min，捞出沥干备用。

（3）炒黑芝麻　黑芝麻洗净、晾干后用铁锅炒熟。一般从开始无声到听见"噼啪"声，再到基本无声时就已炒熟。

（4）制麻辣油　红干辣椒去柄碾成面，剩余花椒碾碎即可。豆油入锅烧热，放入花椒炸至焦黄色捞出去掉。油重新烧熟后倒入辣椒面中，边倒边搅，最后取其上层油即为麻辣油。

（5）混合调配　将半成品豆腐条、花生米、黑芝麻混合均匀，加入味精、尼泊金乙酯、麻辣油搅拌均匀。

（6）包装、杀菌　真空包装（100±3）g（净重）。100℃蒸汽杀菌20～25min即可。

十、方便牦牛肉条

1. 原料配料

（1）原料配方　牛肉100kg，食盐6.5kg，酱油3.5kg，料酒0.5kg，葡萄糖2.0kg，花椒0.3kg，八角1.2kg，丁香0.2kg，草果2.0kg，鲜姜片3.5kg，洋葱1.5kg，鸡精0.1kg。

（2）调料配方（按占配料总质量的比例计）　食盐50.0%，葡萄糖20.0%，花椒2.5%，八角0.5%，丁香0.5%，草果0.5%，姜粉5.0%，鸡精10.0%，胡椒0.5%，辣椒10.0%，桂皮0.5%。

2. 工艺流程

调料包配料→熬制→包装→杀菌→冷却→调料包成品

原料选择及修整→嫩化→煮制→切条→干燥→包装→产品

3. 操作要点

（1）原料选择及修整　选择屠宰检验合格的无病变组织、无伤斑、无浮毛、无粪污、无胆汁污染和无凝血块的牦牛胴体，冲洗干净，修去板筋、淋巴、筋膜及软骨。为方便肉条的制作，原料宜选择肌肉块形大而完整的部位，以前、后腿部最佳。洗净后切成 1kg 左右的肉块。

（2）嫩化　牦牛长期生活在高原缺氧地区，体质粗壮结实，肌红蛋白含量高，肌纤维粗硬，需经嫩化处理以改善肉质，提高产品质量。肉的嫩化方法很多，其中酶嫩化技术操作容易，效果好，应用广泛。配制浓度为 0.02％ 的木瓜蛋白酶溶液，调节 pH 值至 6.5，即为嫩化酶液。取部分酶液用注射机均匀注入肉块内。放入已加热至 30℃ 的酶液中浸泡，保持 30℃ 嫩化处理 40～50min。

（3）煮制　按配方进行配料。煮制方法：嫩化完成的肉块取出沥干水分，放入煮锅，按肉质量的 25％ 左右加入清水，加热至沸，撇去泡沫，待泡沫不再产生后大火加热煮制 0.5h。加入调料，改用小火继续煮 1～1.5h，最后转入高压锅高压煮制 20min。

（4）切条　肉块冷却后，顺肌纤维方向切成 3cm×0.5cm×0.3cm 大小的细条。切条的大小直接影响产品的复水性、咀嚼性和外观。切条太大，产品复水时间长，口感差，外观也不好看；切条太小，易使消费者产生碎肉的感觉，影响产品的商品性。

（5）干燥　由于方便牦牛肉条在食用之前需进行复水，复水性的好坏是决定产品质量极其重要的指标。干制品复水不良，有些是细胞和毛细管萎缩和变形等物理变化的结果，但更多的还是物理化学和化学变化所造成的结果。食品失去水分后盐分增浓和热的影响就会促使蛋白质部分变性，失去了再吸水的能力或水分相互结合，同时还会破坏细胞壁的渗透性。因此，防止或减轻蛋白质的变性对提高产品的复水性能具有重要的意义。真空干燥由于降低了水的沸点，使水分在较低的温度下得以蒸发排出，有效地减轻了蛋白质变性的程度，因此所生产的产品复水性能较好。

将肉坯在烘盘上均匀摊开铺平，送入真空干燥箱，抽真空使箱内压力达到 0.07MPa，维持温度在 40～45℃，干燥 2h 左右。

（6）调料包的生产　按调料包配方进行调配，调料包单独包装后再包入牛肉条的包装袋中。调料生产过程取煮制后的牦牛肉汤，在汤中加入各粉状调料，汤料比为 30∶1，并加入少许色拉油，混合均匀。加入色拉油的作用是：一方面改善酱包的黏稠性，另一方面提高其光泽度。将混合好的汤料文火加热熬制，并不断搅拌，使其浓缩成具有一定黏稠度的酱制品即可包装。包装采用热封包装，将包装好的酱包放入沸水中加热杀菌 30min。

（7）包装　调料酱包包装尺寸为 6cm×5cm，装酱量大约为 5g。干燥后的牦牛肉条每 75g 用复合塑料袋包装，然后再与酱包一同用发泡聚苯乙烯包装。

十一、巴渝灯影牛肉片

1. 原料配方

（1）辅料　牛肉 100％，食盐 23.2％，白砂糖 1.2％，胡椒粉 0.3％，花椒粉 0.3％，白酒 1.2％，芝麻油 2％～2.5％，生姜水 20％，香料 0.5％。

（2）香料　桂皮 30 份，丁香 30 份，甘草 2 份，荜拨 8 份，八角 50 份，山奈 5 份。

2. 工艺流程

选料→排酸处理→分割→配料→烘烤→包装→成品

3. 操作要点

（1）选料　选用里脊和腿心牛肉。顺肌肉纹路将其割下，剔除筋络和脂肪。洗净血水后晾干，切成重约 250g 肉块。

（2）排酸处理　将块肉重叠装缸，并压紧，根据季节不同在缸内处理时间为 12～14h 不等，保持缸内温度 10～15℃。待上层肉略有酸味，触摸时肉块发软、粘手，呈枣红色，无血腥味时排酸结束。

（3）分割　取出肉块洗净，切成 1.5～1.8mm 肉片。

（4）配料、烘烤　按配方将各种辅料（除芝麻油外）与肉片拌和均匀。然后将肉片平铺于竹筛上，进行烘烤，控温 65～70℃，时间 3.5h。烘烤结束，取出 3～5min 即可包装，包装时加入芝麻油拌匀。

十二、牛肉米片

1. 原料配方

（1）米片　碎粳米 75kg，粳糯米 15kg，牛肉粒 5kg，熟花生油 3kg，淀粉 2kg。

（2）炖煮　搅碎牛肉 50kg，酱油、白砂糖各 5kg，精盐、大葱各 2kg，黄酒 1kg，花椒粉、八角粉、胡椒粉各 0.6kg，生姜 3kg，砂仁、肉豆蔻各 0.1kg，山楂片 0.2kg，丁香粉 0.05kg，净水 30kg。

（3）调味粉　花椒粉 1%，辣椒粉 2%，姜粉 2%，味精 20%，五香粉 0.6%，丁香粉 0.4%，精制盐 74%。

2. 工艺流程

牛肉→绞碎→炖煮→过滤

原料米→清理→淘洗→熟化→拌料→压片→成型→预干→油炸→拌调味粉→包装→成品

3. 操作要点

（1）原料选择　碎粳米、粳糯米无霉变、蛀虫及杂质。

（2）熟化、拌料　将洗净的粳糯米放入夹层锅，加水煮沸 10～15min，再放入碎粳米煮沸 15～20min，捞出放入蒸笼内，在 100℃下蒸制 20～25min 后，将蒸熟的米饭取出，要求淀粉糊化 85% 以上，无硬心，疏松不煳，透而不烂，熟化均匀；然后趁热加入牛肉粒、熟花生油拌匀，冷却至 30℃左右，加入淀粉，供压片用。

（3）牛肉绞碎　选用新鲜中肋部牛肉，割去脂肪、脂肪膜，剔除肋骨等，净肉用切绞机切成 0.2～0.3mm 的肉粒，但不能绞成肉糜。

（4）炖煮、过滤　将碎牛肉放入夹层锅，加水搅拌使肉粒分散。若先加热，蛋白质因受热变性凝固，肉粒收缩粘连，再搅拌很难得到均一的肉粒。煮沸后撇去浮沫、血污，加入炖煮调料（香辛料用纱布包好捆扎），在微沸状态下炖煮 1.5～2h（肋骨与肉粒一起炖煮风味会更好）。将葱段和调料包（下次还可再用）捞出，过滤出肉粒，沥干供拌料用。

（5）压片、成型　将拌好的米饭用压面机辊轧几次，轧成 1.2～1.5mm 厚的片，冲压或切成方形、长方形或菱形片坯。

（6）预干、油炸　将成型湿片均匀地装入底部有孔的烘盘，送入干燥室（或干燥箱），在 60～100℃下干燥 2～3h，使水分降低到 10％～13％。将食用油入锅加热，油炸筐装入米片 3～5kg，油温至 150～180℃放入，炸至金黄色、酥脆时迅速提筐，时间 2～3min，每炸一次应将锅内米片碎渣捞净。

（7）拌调味粉　将油炸米片倒出，趁热撒入适量混匀的麻辣调味粉拌匀。若加工其他风味的米片，可于此时加入相应的调味粉拌匀即可。

（8）包装　将拌好调味粉的米片冷却至常温，拣出碎片另行处理。采用铝箔复合袋或塑料袋包装，每袋净重（250±7.5）g，抽真空或充氮气密封。若采用塑料袋包装，则应注意遮光存放，提高保质期。按要求若干小袋为一箱，打包入库存放即为成品。

十三、牛肉糕

1. 原料配方

牛肉 100kg，食盐 3.0kg，白砂糖 1.5kg，料酒 0.5kg，亚硝酸钠 15g，异抗坏血酸钠 50g，五香粉 0.25kg，味精 0.7kg，洋葱 5.0kg，生姜 5.0kg，膨松剂 0.2kg，淀粉 5.0kg，面粉 20.0kg。

2. 工艺流程

原料的选择及整理→斩拌、调味→装模→烘烤→脱模、冷却、真空包装→成品

3. 操作要点

（1）原料的选择及整理　选择健康并经兽医卫生检验合格的牛肉为原料，各部位均可使用，但以后腿肉品质最佳。去除淤血、筋腱，剔去碎骨、淋巴等影响产品质量的部分，清洗干净后，再经清水浸泡 30～60min 去除血污，漂洗沥干后切成小块，再用绞肉机绞成肉糜。

（2）斩拌　斩拌是肉糜的乳化工序，通过机械作用破坏细胞结构，使肌肉组织中的盐溶性蛋白质溶出，形成乳化状肉糜。斩拌是生产中至关重

要的过程，此工序对各种工艺参数要求相当严格，稍有差错，便会导致产品出现一系列的质量问题。斩拌工序要求肉糜温度在6℃左右，所以原料肉在斩拌之前应先行预冷。斩刀要锋利，斩拌时间不宜过长，一般为5～10min。斩拌中可采用添加冰水或碎冰块的方法，以防止温度上升。原料要分批加入，一次投料不宜太多。

（3）调味　先将酱油、料酒倒入斩拌机内，再加入绞碎的肉糜，斩拌2～3min，均匀地加入精盐、白砂糖、味精、五香粉、胡椒粉等调料，继续斩拌5～6min，最后加入面粉、淀粉、膨松剂，搅拌均匀即可。

（4）装模　成型模具为圆形模或方形模，预先在模内刷涂植物油，加入肉糜，压紧、抹平，厚度控制在1cm左右。

（5）烘烤　烘箱预先升温至250℃，放入肉模，恒温烤制15min，然后降低温度至190℃，恒温烤制20min，再降温至80～85℃，烘烤1～2h，至肉糕表面呈微黄色；此时肉糕已经干燥成型，取出肉模，将肉糕脱模翻面，再送入烘箱，控制温度在80～85℃，烤制1h，再升温至250℃，烤至肉糕表面呈焦红色即可出箱。

（6）脱模、冷却、真空包装　待肉糕完全冷却后，按照一定规格切成条、块等形状，进行真空包装即为成品。

十四、麻辣牛肉条

1. 原料配方

牛肉（瘦）500g，花生油100g，大葱20g，姜15g，料酒10g，白砂糖25g，芝麻5g，精盐10g，辣椒（红、尖、干）10g，花椒5g，味精2g，辣椒油25g。

2. 工艺流程

原料的选择及整理→调味→蒸煮→切分→油炸→冷却→真空包装

3. 操作要点

（1）原料的选择及整理　把瘦牛肉去筋洗净，切成两个整齐的大块放入深盘内；大葱切3cm的段；干辣椒切成1cm长的节；芝麻洗净炒熟待用。

（2）调味　放入洗净拍松的葱姜、精盐、料酒，腌渍 60min 待用。

（3）蒸煮　将蒸锅置火上，将腌好的牛肉放入笼屉内用旺火沸水蒸至软烂，取出晾凉。

（4）切分　切成 4cm 长、1cm 宽的条。

（5）油炸　锅置火上，油烧热时，将切好的肉条放入油锅中炸干水分捞出控去油；锅内留 30g 油，下入花椒、干辣椒、葱、姜煸出香味加入汤，放入炸好的牛肉条、精盐、白砂糖、料酒烧制；然后中火收汁，汁干时加入辣椒油，撒上炒熟的芝麻翻炒均匀出锅，凉后真空包装。

十五、麻辣牛肉干

1. 原料配方

瘦黄牛肉 500g、生姜 15g、植物油 1000g（实耗 150g）、熟芝麻油 25g、五香粉 5g、白砂糖 15g、花椒面 5g、辣椒面 5g、醪糟汁 25g、精盐 15g、味精 1g、花椒粒少许。

2. 工艺流程

原料的选择及整理→油炸→调配→包装

3. 操作要点

（1）原料的选择及整理　精选黄牛后腿部净瘦肉，不沾生水，除去筋膜，修切成整齐的长方块状，均匀地片成极薄的大张肉片。将肉片抹上经过炒制磨细的盐，卷成圆筒，放入竹筲箕内，置于通风处晾干血水。将晾的牛肉铺在竹筲箕背面，置木炭小火上烤干水汽，入笼蒸半小时，再用刀将牛肉切成 5cm 长、3cm 宽的片子，重新入笼蒸半小时，取出晾冷。

（2）油炸　植物油烧熟，加入生姜和花椒粒少许，油锅端离火口。10min 后油锅再置火上，捞去生姜、花椒粒。然后将牛肉片均匀地抹上醪糟汁下油锅炸透，边炸边用漏勺轻轻搅动。待牛肉片炸透，即将锅端离火口，捞出牛肉片。

（3）调配　锅内留熟油 50g，再置火上加入醪糟汁、五香粉、白砂糖、辣椒面、花椒面，放入牛肉片炒匀起锅后加味精、熟芝麻油拌匀、晾冷即成。

十六、安庆五香牛肉脯

1. 原料配方

牛肉 100kg，盐 6.0kg，酱油 5.0kg，姜 0.3kg，味精 0.2kg，八角 0.2kg，五香粉 0.2kg，亚硝酸钠适量。

2. 工艺流程

选料→预处理→腌制→煮制→切片、干制、包装→成品

3. 操作要点

（1）选料　选用卫生检验合格的新鲜牛肉，以黄牛肉作加工原料为好。水牛肉因肌肉纤维粗而松弛，干燥而少黏性，肉不易煮烂，肉质不如黄牛肉，所以很少采用。

（2）预处理　选好的牛肉剔去骨、皮、筋膜、脂肪等部分，清洗干净，再用干净的清水浸泡 30min，以去除肉中的血水和污物。浸泡后再漂洗干净，沥去水分，切成质量为 300～400g 的长方块。

（3）腌制　首先准备好腌缸，清洗干净。将盐均匀地擦涂在肉块表面，放入腌缸中腌制，冬、秋季腌制 24h，春、夏季腌制 12h 即可。春、夏季节由于气温较高，容易造成肉在腌制过程中腐败，除了要保持腌制过程中的卫生条件外，腌制间最好设置在地下室等地方，可在一定程度上控制腌制过程中的温度，如有条件，建造专用的冷却间进行腌制是保证产品品质的重要手段。腌制过程中要翻缸 2～3 次，以便腌匀腌透，翻缸即将缸中肉块上下位置进行调整。

（4）煮制　按配方将酱油、姜、八角、亚硝酸钠等放入锅中，加水，以浸没牛肉块为好，再加入腌好的牛肉块。旺火烧沸，再用文火煨焖，煮制 3h 左右，待牛肉块熟透即可。煮好的牛肉块出锅，沥去水分。

（5）切片、干制、包装　牛肉块顺肌纤维方向切成厚度 0.5mm 的薄片，摊盘后送入干燥箱于 55～60℃烘烤 3～4h 出箱，冷却后进行包装即为成品。

十七、胡萝卜牛肉脯

1. 原料配方

牛肉 100kg，胡萝卜 15kg，盐 2.0kg，酱油 2.0kg，姜 0.5kg，味精 0.5kg，八角 0.3kg，五香粉 0.3kg，蔗糖 14kg，焦磷酸钠 0.4kg，淀粉 5kg，亚硝酸钠适量。

2. 工艺流程

胡萝卜→拣选→清洗、去皮→打浆

原料肉的选择及处理→腌制→配料、混匀→抹片、成型→烘制熟化→冷却、包装→成品

3. 操作要点

（1）原料肉的选择及处理　选择健康并经兽医卫生检验合格的牛肉为原料，各部位肉均可使用，但以后腿肉品质最佳。原料肉去骨、皮、脂肪、筋膜等非肌肉成分，清洗干净后，再经清水浸泡 30～60min 去除血污，漂洗沥干后切成小块，再用绞肉机绞成肉糜。

（2）腌制　向肉糜中添加盐、蔗糖及焦磷酸钠，拌和均匀后于 4～6℃下腌制 12h。

（3）胡萝卜的选择及处理　胡萝卜的品种较多，各品种均可使用。选取新鲜胡萝卜，清洗干净，用刀切头去尾，并刮掉表皮。送入打浆机打成胡萝卜泥，也可切成小颗粒添加到肉脯中。

（4）配料、混匀　首先向肉糜中添加淀粉。淀粉的主要作用是作为黏合剂，增加混合原料的黏度，利于产品成型。但淀粉用量不宜过多，否则会导致肉脯色泽变淡、易碎，口感有淀粉粒感，且风味欠佳。淀粉拌匀后加入胡萝卜泥（或胡萝卜颗粒），再次搅拌，使原料混合均匀。胡萝卜的添加量同样不能过多，否则会使胡萝卜味过重，掩盖牛肉风味，同时会造成肉糜黏结困难，难以成型，肉脯易碎。

（5）抹片、成型　抹片、成型采用不锈钢金属浅盘，先用植物油将盘底刷一遍，以防止粘连，便于揭片。将腌制、混匀好的牛肉肉糜平铺在盘

内，用抹刀压紧并刮平表面，使肉片光滑平整，厚薄均匀，厚度控制在1.5～2mm。也可根据生产需要选择不同形状的模具盒，能生产出不同形状的肉脯产品。

（6）烘制熟化　将铺好牛肉肉糜的金属盘或模具盒送入鼓风电热恒温干燥箱，于85℃下烘烤3～4h，烘干后即为成品。此时，肉脯表面油润，呈棕红色，肉脯的含水率为20％～25％。

（7）冷却、包装　将熟制的牛肉肉脯进行自然冷却，经过拣选后再用聚丙烯薄膜袋进行真空包装。

第四节　酱卤食品

一、卤水鹅片

1. 原料配方

狮头鹅2500g，猪肥肉250g，南姜50g，大蒜75g，山柰75g，花椒10g，八角25g，丁香10g，草果25g，甘草25g，桂皮25g，香菇25g，香葱25g，芫荽50g，生姜100g，玫瑰露酒1瓶，鱼露2瓶，生抽王3瓶，老抽王2瓶，片糖250g，花生油150g，味精25g，盐适量，骨汤适量。

2. 工艺流程

原料预处理→配料→卤制→调配→包装→成品

3. 操作要点

（1）原料预处理　选用广东狮头鹅2.5kg，砍下脚和翅膀的中段，洗净。

（2）配料　将草果拍裂，生姜、猪肥肉切成大片；锅置火上倒花生油烧热，将猪肥肉片炸至出油，下香葱、大蒜、生姜、芫荽炸香，加入南姜、山柰、花椒、八角、丁香、草果、甘草、桂皮、香菇炸香，出锅装入白纱布袋内，即为香料包；将骨汤放入不锈钢桶内烧开，加片糖、生抽王、老抽王、鱼露、味精、盐调匀，另加入香料包，小火煮半小时，加入玫瑰露酒，即为卤水。待卤桶里的卤水烧沸后放入鹅，用中火煮 20min，取出鹅，在其腿上、肩部用粗钢针插几下（这样可以把血水放掉）。

（3）卤制　将鹅再放入卤桶中，待烧至 40min 时，盖上卤桶盖，改用小火烧 20min 后即可把鹅取出。

（4）调配　装盘时取鹅的胸脯段，用斜刀面 45°切薄片（要保持每一片的大小都一样）。白醋、蒜蓉、红椒粒、糖拌匀，作为调料蘸食。

（5）包装、成品　采用真空包装后即为成品。

二、香卤鹅膀

1. 原料配方

鹅翅膀 750g，卤汁 1000g，丁香 50g，大葱 15g，姜 15g，酱油 20g，盐 50g，植物油 75g，白砂糖 15g，芝麻油 5g，花椒 3g，料酒 20g。

2. 工艺流程

原料预处理→油炸→卤制→调配→包装→成品

3. 操作要点

（1）原料预处理　鹅翅膀用盐、料酒、花椒、2/3 丁香腌制一段时间。腌后放入开水锅中，先焯水，捞出后放在清水盆中，拔去残余的毛，洗净。

（2）油炸　炒锅放植物油，烧至六成热，下鹅翅膀逐只炸制，待表面收缩，呈金黄色时，出锅沥油。

（3）卤制、调配　炒锅留余油，葱段、姜片下锅略煸，放入鹅翅膀、酱油、白砂糖、适量清水和老卤、丁香，旺火烧开，小火继续烧煮，待鹅翅膀全部上色入味，卤汁稠浓，淋芝麻油，出锅冷却。

（4）包装、成品　真空包装即为成品。

三、酱鹅肉

1. 原料配方

鹅 2kg，酱油 200g，姜 35g，八角 5g，大葱 50g。

2. 工艺流程

原料预处理→调配→卤制→整理→包装→成品

3. 操作要点

（1）原料预处理　将鹅杀死，去毛和内脏，用盐稍腌制，泡一夜；次日用温热水洗净，投入冷水锅中，以大火烧开。

（2）调配　加葱花、姜片、酱油以及八角。

（3）卤制　改用小火焖煮 1h，锅离火冷却后取鹅。

（4）整理　将鹅脯剁成小块放盘中，作垫底料，后将其他鹅肉用斜刀法切成片。

（5）包装、成品　真空包装即为成品。

四、醉鹅掌

1. 原料配方

去骨鹅掌 20 只，姜片 150g，绍酒 75g，水 100g，白砂糖 10g，盐 10g，白醋 10g，蒜 20g。

2. 工艺流程

原料预处理→调配→卤制→包装→成品

3. 操作要点

（1）原料预处理　去骨鸭掌洗净，用沸水煮约 5min 取出洗净，浸在清水中 20min，捞起沥干备用。

（2）调配　下白醋、姜片、盐和鸭掌入沸水煮约 25min 取出。

（3）卤制　把绍酒、水、上汤、白砂糖和蒜一同煮沸，待凉，放入鸭掌浸约 3h。

（4）包装、成品　鸭掌冷却后真空包装即为成品。

五、香糟鹅掌

1. 原料配方

鹅掌 500g，黄瓜 10g，香糟 250g，大葱 50g，绍酒 260g，樱桃 10g，姜 10g，盐 3g。

2. 工艺流程

原料预处理→调配→卤制→包装→成品

3. 操作要点

（1）原料预处理　将鹅掌刮洗干净，斩去爪尖，用小刀剖开掌骨上侧，切去掌底老茧，黄瓜去皮。

（2）调配　将锅上火，放入适量清水，下鹅掌焯透后用凉水漂凉，将鹅掌置于容器中，加入绍酒 10g、葱段、姜片和适量清水，上笼用中火蒸约 50min，见鹅掌蒸至酥软时，稍凉，顺着刀缝，剔净鹅掌上的骨节。

（3）卤制　净锅上火，加入鸡清汤、精盐，烧沸后晾凉，加入绍酒 250g 和香糟搅拌均匀。将鹅掌切成稍粗的丝，整齐地码放于盖碗中，然后盖上纱布，把搅拌好的香糟放入盖碗的纱布中，摊上后再加盖，糟制约 3h，揭去纱布和糟渣。

（4）包装、成品　取出鹅掌真空包装即为成品。

六、麻辣乳鸽

1. 原料配方

（1）腌制料配方　鲜乳鸽 5kg，八角 15g，盐 175g，白砂糖 100g，干辣椒 120g，生姜 50g，料酒 50g，花椒 20g，味精 15g，葱 10g，茴香 4g，桂皮 3g，香菇适量。

（2）涂料配方　饴糖或蜂蜜 30%，料酒 10%，腌卤料液 20%，水 40%，辣椒粉适量。

2. 工艺流程

乳鸽的选择→宰前处理→宰杀放血→烫毛、煺毛→开膛、净膛→去头爪→清水洗净→浸卤腌制→晾干→烫皮→晾干→填料→涂料→整形→晾干→烘烤→成品

3. 操作要点

（1）乳鸽的选择　选饲养 25d、活重 500g 的健康乳鸽为原料。

（2）宰前处理　宰前使鸽避免剧烈运动、惊吓、冷热刺激。宰前 18h 开始绝食，绝食期间保证充足的饮水，绝食场应为水泥或水磨石地面，附近无砂石、杂草，以防饿时啄食。

（3）宰杀放血　在颈部采用切断三管法宰杀，操作要准，刀口小，放血完全。

（4）烫毛、煺毛　放血后的鸽应尽快煺毛，浸烫水温一般控制在 60～65℃，水温要恒定，浸烫一分钟左右。以易拔掉背毛为宜，不得弄破鸽皮，绒毛除尽。

（5）开膛、净膛　从腹部开 2～3cm 的刀口，摘掉内脏，拉出食道、气管，并沿肛门外围用刀割下，防止胃肠、胆汁污染胴体。同时将余血除净。

（6）去头爪　将头爪除去。

（7）清水洗净　手工洗净体内外污物及血水。

（8）浸卤腌制　将按比例配的香辛料放入盛有 3kg 水的浸提锅中，加热至沸并文火保持 30min，将浸提液过滤，再加入配方中的白砂糖、黄酒、食盐、葱搅匀，冷却备用。待料液冷却至 25℃ 以下时将处理好的鸽放入腌料液中，腌制 4～6h 即可。

（9）晾干与烫皮　将腌好的鸽坯表皮晾干，然后用勺舀沸腾的卤液浇于鸽体上，这样可减少烤制时毛孔流失脂肪，并使表皮蛋白质凝固。烫后的鸽坯再晾干表面水分。

（10）填料　从烫皮晾干的鸽坯腹部开口处将姜、香菇等料填入腔内，然后将口缝好。

（11）涂料、晾干　按配方将搅匀的涂料均匀地涂于体表，然后放通风处晾干，涂料时鸽体表面不得有水、油，以免烤时着色不均而出现花皮

现象。

（12）烘烤　先将烤箱温度迅速升至230℃，再将涂料晾干的鸽坯移入箱，恒温烤制5分钟，这时表皮已开始焦化。然后打开烤箱排气孔将炉温降至190℃烤25min，烤至表皮呈金黄色，再关闭电源焖5min即可出炉。

（13）成品　出炉后的成品鸽，鸽腹朝上放入盘中，将钢丝针取下整形后即可出售。

七、麻辣鸭脖

1. 原料配方

袋装冰鲜鸭脖子5000g，干辣椒400g，花椒15g，姜块200g，葱节150g，料酒100g，亚硝酸钠1g，精盐300g，味精15g，鲜汤5000g，精炼油2000g。

八角20g，山奈20g，桂皮20g，茴香10g，草果10g，荜拨50g，白芷40g，香草50g，橘皮25g，千里香15g，香茅草20g，甘草10g，甘松3g，丁香5g，砂仁10g，豆蔻12g，排香草5g，香叶10g，红曲米50g。

2. 工艺流程

鸭脖子的初加工→制辣味卤汁→卤制→成品

3. 操作要点

（1）鸭脖子的初加工　鸭脖子解冻，冲洗干净后，加入姜块50g、葱节50g、精盐100g及料酒、亚硝酸钠拌和均匀，腌渍入味1～2h，取出，用清水洗净，然后放入沸水锅里焯水，捞出备用。

（2）制辣味卤汁　干辣椒剪成节，香辛料用清水稍泡，沥水；红曲米入锅，加入清水1200g熬出色，然后去渣，留汁水待用。净锅上火，放入精炼油烧至三成热，下入干辣椒节、香辛料及剩余的姜块、葱节稍炒，掺入鲜汤（可用猪筒子骨、鸭架、鸡架等熬成）及红曲米水，调入精盐、味精烧开后，改小火熬煮2h，至逸出辣味、香味后，即成辣味卤汁。

（3）卤制　把初加工好的鸭脖子放入烧开的辣味卤汁里，用中火卤30min左右即可关火（自己随时掌握煮好没有），然后鸭脖子继续在辣味卤汁中浸泡 20min，随后捞出晾凉即可斩块食用。

4. 注意事项

① 鸭颈子以袋装冰鲜去皮的为好，以自然解冻为佳。洗净后，一定要先腌渍、焯水后再卤制，否则腥味太重。加入亚硝酸钠才会色泽浅红、风味较佳，但千万不要过量添加，以免对人体有害。

② 干辣椒以干小米椒为好，因为这种椒色红油亮、辣味较重。辣椒剪成节后，还应保留辣椒籽，因为辣椒籽也有增加卤汁香味的作用。炒制干辣椒时，宜多放精炼油，稍炒即可（切忌炒焦成煳辣风味），掺入鲜汤煮制后，方可突出其"劲辣"风味。

③ 鸭脖子骨头里也会带辣味。鸭脖子焯水后，脊椎管里脊髓成熟收缩，露出小孔，卤制时辣油汁进入孔内，骨内自然带有辣味。卤熟后继续浸泡是为了使其入味。

④ 卤制的时间，要耐心地试验，常观察。离火后，保证浸泡的时间很重要。

八、无锡酱排骨

1. 原料配方 （以 10kg 排骨计）

酱油 1kg，白砂糖 0.6kg，绍酒 0.3kg，食盐 0.45kg，硝酸钠 0.003kg，葱 0.05kg，姜 0.05kg，桂皮 0.03kg，茴香 0.025kg，丁香 0.003kg，味精 0.006kg。

2. 工艺流程

原料选择与整理→腌制→烧煮→制卤→成品

3. 操作要点

（1）原料选择　选用饲养周期短、肉质鲜嫩的猪的胸腔骨为原料，也可采用肋条和脊背大排骨，其中前夹心肋排为最好。骨肉质量比约为 1∶3 为宜。

（2）原料整理　将排骨斩成宽 7cm、长 12cm 左右的长方块，如以大排骨为原料，则斩成厚约 1.4cm 的扇形块状，过大的排骨每一脊椎骨可斩为两片，俗称鸳鸯块，瘦小的排骨每一脊椎骨一片，注意外形要整齐，大小基本相同，每块重约 250g。

（3）腌制 将硝酸钠、食盐用水溶解，均匀洒在排骨上，然后置于缸内腌制。也可将生排骨放在缸内，加进食盐和已溶解的硝酸钠，并用木棒搅拌，使咸味均匀，搅至排骨"出汗"时取出，晾一昼夜，沥尽血水。5℃左右腌制，夏季 4h，春秋 8h，冬季 12～24h。在腌制过程中须上下翻动 1～2 次，使咸味均匀。

（4）烧煮 将腌制好的排骨块从缸中捞出，清水冲洗，然后将排骨块放入锅内加满清水烧煮 1h，上下翻动，随时撇去肉汤中的血沫、浮油和碎骨屑等，经煮沸后取出材料，并用清水冲洗干净后，沥干待用。将葱、姜、桂皮、茴香、丁香分装成三个布袋，放在锅底，然后将排骨块放入锅内，按顺序加入酱油、绍酒、食盐及去除杂质的白烧肉汤，汤的数量掌握在低于上平面 3～4cm 处。如加入老汤，应该将老汤预先烧开和过滤后的白烧肉汤一起倒入锅中。然后盖上锅盖，用旺火烧 2h 左右，改用文火焖10～20min，待汤汁变浓时即退火出锅，放通风处冷却。或者盖上锅盖，用旺火煮开，加上料酒、酱油和食盐，并持续 30min，改用小火焖煮 2h。在焖煮中不要上下翻动，焖至骨肉酥透时，加入白砂糖，再用旺火烧10min，待汤汁变浓稠，即退火出锅。

（5）制卤 从锅内取出部分原汁加糖，用文火熬 10～15min，使汤汁浓缩成卤汁。浇在烧煮过的排骨上，即成酱排骨。或者将锅内原汁撇去碎肉、浮油，滤去碎骨碎肉，取出部分加味精调匀后，均匀地洒在成品上。

九、酱肘子

1. 原料配方

（1）料汤配方（以 100kg 料汤计） 花椒 0.35kg，八角 0.45kg，大蒜 0.5kg，姜 0.5kg，红辣椒 0.055kg，食盐 0.35kg，料汁适量。

（2）煮制配方（以 100kg 猪肘子计） 食盐 1kg，料汤 0.55kg，白砂糖 0.55kg。

2. 工艺流程

原料选择、整理→腌制→制作料汤→煮制→出锅→成品

3. 操作要点

（1）原料选择、整理　猪的前肘瘦肉含量高，所以使用前肘作原料。前肘要求皮嫩肥膘薄、大小均匀。如果使用冷冻原料，需要用水解冻，使肘子呈半解冻状态。然后用喷灯烧净皮上所带残毛。清水浸泡 20min，用刀刮净皮上污泥及焦煳的地方。接下来剔骨，刀先后从猪肘两端插入，沿骨缘划一圈，剔除膝盖，再割断与骨相联的骨膜、韧带、肌肉等。将前臂骨取出。剔骨操作不能破坏肌肉结构和肉皮，以免影响腌制和外形美观。然后用清水冲洗干净，沥水后待用。

（2）腌制　腌制前首先进行腌制剂的配制，即老汤冷却后除油过滤，调盐度 12°Bé。然后采用盐水注射机进行肌内注射，注射机针头直接插入肌肉内，注射速度不能过快，保证肌肉饱满，腌制液不外射。注射量为肘子重的 10%，注射结束后，再将肘子浸入腌制液中，在 4℃下腌制 12h。

（3）制作料汤　加入适量食盐将料汤的盐度调至 8°Bé，煮沸后去除表层污物；然后加入各种调料和熬好的料汁，即为料汤。

（4）煮制　将腌制好的猪肘沥尽腌制剂后入锅进行煮制。按肘子的量加入食盐、白砂糖和料汤，大火煮沸后调文火，保持汤温 96～98℃、3h 左右，肘子在汤沸后下锅，小火煮制时应保持汤面微开，即"沸而不腾"，煮制中间翻动 1 次，保证均匀上色，成熟时间一致，出锅前将汤液煮沸。

（5）出锅　先分别捞出蒜、姜片、红辣椒、八角，肘子出锅时应轻捞轻放，避免碰破、摔碎，保持肘子的完整。

十、酱猪头肉

1. 原料配方

猪头肉 100kg，盐 4.05kg，酱油 2.55kg，桂皮 0.07kg，山奈 0.05kg，白芷 0.05kg，丁香 0.02kg，花椒 0.035kg，茴香 0.03kg，八角 0.045kg，白砂糖 0.7kg，绍酒 0.5kg，大葱 0.2g，姜 0.05kg，大蒜 0.04kg，硝酸钠 0.012kg。

2. 工艺流程

原料整理→焯水→酱制→成品

3. 操作要点

（1）原料整理　选择新鲜的猪头作为制作原料，去毛去污。先将头部下巴中间的皮肉挑开，打掉牙板骨，再将头骨劈开，割掉喉骨，取出猪脑，拆去头骨，用水洗净，制作成头片。

（2）焯水　在浸锅辅料中加水 100kg，煮成浸汤，然后下入头片浸煮28min，翻锅，再浸煮 22min，捞出，沥去浸汤。

（3）酱制　另起锅，加酱锅辅料和 100kg 水制成酱汤，下入焯过水的头片，酱煮 28min，翻锅，再酱煮 22min，出锅摊在盘内，凉透即为成品。

十一、北京卤猪耳

1. 原料配方（以 100kg 猪耳计）

食盐 2.6kg，白砂糖 1.05kg，白酒 1.05kg，花椒 0.205kg，八角0.305kg，丁香 0.075kg，陈皮 0.055kg，桂皮 0.02kg，茴香 0.075kg，酱油、葱、姜、味精、红曲粉适量。

2. 工艺流程

原料选择与处理→预煮→卤制→成品

3. 操作要点

（1）原料选择与处理　选择形态完整的猪耳，去毛去血污，放在 75～80℃的热水中烫毛，把毛刮去。剩下刮不掉的用镊子拔，再剩下的绒毛用酒精喷灯喷火燎毛，用刀修净，沥去水分。

（2）卤制　用两个小布袋装茴香、桂皮、丁香、陈皮、花椒、八角，并与酱油、葱、姜、白砂糖、白酒、食盐等一起放入锅内，再放入下水，加清水淹没原料。如用老卤代替清水，食盐只需加 1.5kg。将不同部位分批下到卤汤锅中，用旺火煮烧至沸后改用小火使其保持微沸状态。煮至猪耳朵全部熟透，猪头肉能插入筷子，在出锅前 20min 加入味精，出锅即为成品。

十二、卤猪肠

1. 原料配方

猪肠 100kg，盐 1.5kg，酱油 6kg，白砂糖 3kg，桂皮 0.13kg，茴香 0.26kg，葱 0.05kg，姜 0.3kg，绍酒 3.5kg。

2. 工艺流程

原料处理→白煮→卤制→成品

3. 操作要点

（1）原料处理　猪肠腥臭味最重，首要任务是去除腥臭味。整理时去除其腥臭味方法：将猪肠翻转，撕去肠上附着的油及污物，剪去细毛，用清水洗净后，再翻转、放入竹笋内，加些盐和明矾屑，用木棒搅拌，如数量过多，可使用洗肠机。然后去除黏液，再用清水洗净（清洗多次），盘成圆形，用绳扎牢，以便于烧煮。

（2）白煮　首先将水烧开，倒入原料，再烧开后，用铲翻动原料，除去锅面浮油及杂物，然后用文火煮 1h，即可出锅。然后，将猪肠放在有孔隙的容器中，沥去水分，以待卤制。

（3）卤制　用两个小布袋装葱、姜、桂皮、茴香，扎紧袋口，连同绍酒、酱油、盐、白砂糖（总配方量的80%）放入锅内，再加入原料质量50%的清水。如用老卤，应视其咸淡程度酌量减少辅料。用文火烧煮，至锅内发出香味时，即可倒入原料进行卤制。继续用文火煮 25min，先取出一块，用刀划开，查看是否煮熟。待煮熟后，捞出放于有卤的容器中，或者出锅晾凉后再浸入卤锅中。取出锅内一部分卤汁，撇去浮油，置于另一小锅中，加上白砂糖（剩余的20%），用文火煎浓，涂于成品上，使猪肠色泽鲜艳，口味独特。

十三、邵阳卤下水

1. 原料配方（以原料100kg计）

食盐 4kg，酱油 2kg，白砂糖 2kg，白酒 2kg，糖色 0.6kg，丁香

0.3kg，桂皮 0.2kg，八角 0.2kg，陈皮 0.1kg，甘草 0.2kg，肉蔻 0.1kg，山奈 0.1kg，桂子 0.05kg，茴香 0.05kg，花椒 0.5kg，葱 0.3kg，姜 0.3kg，味精、芝麻油适量。

2. 工艺流程

原料选择与处理→卤制→成品

3. 操作要点

（1）原料选择与处理　将猪头、猪尾、猪蹄去毛去血污，先放在水温 75～80℃的热水中烫毛，把毛刮去。刮不掉的绒毛用酒精喷灯喷火燎毛，再用刀修净。猪头劈成半片并去骨。

猪肚　将肚翻开洗净，撒上食盐或明矾揉搓，洗后在 80～90℃温开水中浸泡 15min，烫至猪肚转硬，内部一层白色的黏膜能用刀刮去时为止。捞出放在冷水中 10min，用刀边刮边洗，直至无臭味、不滑手时为止，沥干水分。用刀从肚底部将肚切成弯形的两大片，去掉油筋，沥去水分。

猪心　先将猪心切开，洗去心房心室中的血污，用刀在猪心外表划几条树叶状刀口，然后摊平呈蝴蝶形状。洗净后放入开水锅内浸泡 15～20min，捞出用清水洗净，沥干水分待卤制。

猪肝　将猪肝切分为三叶，在大块肝表面上划几条树枝状刀口，用冷水洗净淤血。其他两块肝叶因较小，可横切成块或片。洗净的肝放入沸水中煮 10min，至肝表面变硬，内部呈鲜橘色时，捞出放在冷水中，冲洗去刀口上的血渍。

猪蹄、猪尾　从蹄叉分切两面三刀段，每半块再切成两面段；猪尾巴不切。放入开水锅煮 20min 捞出放到清水中浸泡洗涤。

猪舌　从舌根部切断，洗去血污，放到 70～80℃温开水中浸烫 20min，烫至舌头上表皮能用手指甲扒掉时，捞出用刀刮去白色舌苔，洗净然后用刀在舌根下缘切一刀口，有利于在煮的过程中料味进入，沥干水分后即可卤制。

猪大肠　将猪大肠切成 40cm 长的肠段，翻肠后用盐或明矾揉擦肠壁，将污物除尽。然后用水洗净，放入沸水锅内泡 15min 捞起，浸入冷水中冷却后，再捞起沥干水分。

猪腰子　整理方法与猪肝相同，但是需要注意的是，把输尿管及油筋去净，否则会有尿臊气。

猪喉头骨　是一种软脆骨，切开喉管一边，洗去污物，用刀砍数刀，但不要砍断，放入 80～90℃ 温开水里烫 5min，然后洗净。

（2）卤制　先制作布袋，将茴香、桂皮、丁香、甘草、陈皮、花椒、八角等装入布袋内，并与酱油、葱、姜、白砂糖、白酒、食盐等一起放入锅内，再放入下水，加清水淹没原料。如用老卤代替清水，食盐只需加 1.25kg。将不同部位分批下到卤汤锅中，用旺火煮烧至沸后改用小火使其保持微沸状态。先下猪蹄，煮 30min 后下猪头，再煮 20min 后下猪舌、猪尾，煮 40min 后下猪心、猪肚、猪肝、猪腰、猪大肠、猪喉头骨等。煮至猪肝全部熟透，猪头肉能插入筷子，猪蹄骨突出外透，吃起来骨肉易分离时出锅，在出锅前 20min 加入味精，口味更佳。

（3）成品　煮制时间到即可出锅。出锅后，按品种平放在熟肉案上，不能堆垛。下水出锅后即涂上芝麻油使之色泽光亮。

十四、道口烧鸡

1. 原料配方（以 100kg 鸡为原料计）

食盐 3kg，砂仁 0.02kg，陈皮 0.05kg，白芷 0.12kg，姜 0.25kg，丁香 0.006kg，豆蔻 0.03kg，肉桂 0.1kg，草果 0.05kg，硝酸钠 0.015kg。

2. 工艺流程

原料鸡的选择→宰杀→浸烫褪毛→开膛造型→上色油炸→煮制→成品

3. 操作要点

（1）原料鸡的选择　选择鸡龄在 0.8～1.5 年，活重在 1～1.5kg 之间的嫩鸡或肥母鸡，尤以柴鸡为佳，鸡的体格要求胸腹长宽、两腿肥壮、健康无病。原料鸡的选择影响成品的色、形、味和出品率。

（2）宰杀　宰杀前供给充足的清洁饮水，但要禁食 18h。将要宰杀的活鸡抓牢，采用三管（血管、气管、食管）切断法，放血洗净，刀口要小。宰后 2～3min 内，趁鸡温尚未下降时，转入下道工序。放置的时间太长或太短都不容易煺毛。

（3）浸烫煺毛　当年鸡的煺毛浸烫水温可以保持在 58℃，鸡龄超过一年的浸烫水温应适当提高在 60～63℃ 之间，浸烫时间为 2min 左右。煺毛采用搓推法，背部的毛用倒茬法去除，腿部的毛可以用顺茬法去除，这样不仅效率高，而且不伤鸡皮，确保鸡体完整。煺毛顺序从两侧大腿开始→右侧背→腹部→右翅→左侧背→左翅→头颈部。在清水中洗净细毛，搓掉皮肤上的表皮，使鸡胴体洁白干净。

（4）开膛造型　用清水将鸡体洗净，并从踝关节处切去鸡爪。在鸡颈根部切一小口，用手指取出嗉囊和三管并切断，之后在鸡腹部肛门下方横向做一个 7～9cm 切口，从切口处掏出全部内脏（心、肝和肾脏可保留），旋割去肛门，并切除尾脂腺，去除鸡嗉和舌衣，然后用清水多次冲洗腹内的残血和污物，直至鸡体内外干净洁白为止。造型是道口烧鸡一大特色，又叫撑鸡，将洗好的鸡体放在案子上，腹部朝上，头向外而尾对操作者，左手握住鸡身，右手用刀从取内脏之刀口处，将肋骨从中间割断，并用手按折。根据鸡的大小，再用 8～10cm 长的高粱秆或竹棍撑入鸡腹腔，高粱秆下端顶着肾窝，上端顶着胸骨，撑开鸡体。然后在鸡的下腹尖部开一月牙形小切口，按裂腿与鸡身连接处的薄肉，把两只腿交叉插入洞内，两翅从背后交叉插入口腔，造型使鸡体成为两头尖的元宝形。现在也有不用高粱秆，不去爪，交叉盘入腹腔内造型。把造型完毕的白条鸡浸泡在清水中 1～2h，使鸡体发白后取出沥干水分。

（5）上色油炸　沥干水分的鸡体，用毛刷在体表均匀地涂上稀释的蜂蜜水溶液，水与蜂蜜之比为 6∶4。用刷子涂糖液在鸡全身均匀刷三四次，每刷一次要等晾干后再刷第二次。稍许沥干，即可油炸上色。为确保油炸上色均匀，油炸时鸡体表面如有水滴，需要用干布擦干。然后将鸡放入 150～180℃ 的植物油中，翻炸约 1min，待鸡体呈柿黄色时取出。油炸温度很重要，温度达不到时，鸡体上色不好。油炸时严禁破皮（为了防止油炸破皮，用肉鸡加工时，事先要腌制）。白条鸡油炸后，沥去油滴。

（6）煮制　用纱布袋将各种香料装入后扎好口，放于锅底，这些香料具有去腥、提香、开胃、健脾、防腐等功效。然后将鸡体整齐码好，将体格大或较老的鸡放在下面，体格小或较嫩的鸡放在上面。码好鸡体后，上面用竹箅盖住，竹箅上放石头压住，以防煮制时鸡体浮出水面，熟制不均匀。然后倒入老汤，并加等量清水，液面高于鸡体表层 2～5cm。煮制时恰当地掌握火候和煮制时间十分重要。一般先用旺火将水烧开，在水开时放入硝酸钾，然后改用文火将鸡焖煮至熟。焖煮时间视季节、鸡龄、体重等因素而定。一般为当年鸡焖煮1.5～2h，1年以上的鸡焖煮2～4h，老鸡需要焖煮4～5h即可出锅。出锅时，要一只手用竹筷从腹腔开口处插入，托住高粱秆或脊骨，另一只手用锅铲托住胸脯，把鸡捞出。捞出后鸡体不得重叠放置，应在室内摆开冷却，严防烧鸡变质。应注意卫生，并保持造型的美观与完整，不得使鸡体破碎。道口烧鸡夏季在室温下可存放3天不腐，春秋季节可保质5～10天，冬季则可保质10～20天。

十五、符离集烧鸡

1. 原料配方（以100kg原料鸡计）

食盐4.5kg，肉豆蔻0.05kg，八角0.3kg，白砂糖1kg，白芷0.08kg，山奈0.07kg，花椒0.01kg，陈皮0.02kg，茴香0.05kg，桂皮0.02kg，姜1kg，葱1kg，丁香0.02kg，砂仁0.02kg，辛夷0.02kg，硝酸钠0.02kg，草果0.05kg。

2. 工艺流程

原料鸡的选择→宰杀→浸烫煺毛→开膛造型→上色油炸→煮制→成品

3. 操作要点

（1）原料鸡的选择　宜选择当年新鸡，每只活重1～1.5kg，并且健康无病。

（2）宰杀　宰杀前禁食12～24h，其间供应饮水。颈下切断三管，刀口要小。宰后2～3min即可转入下道工序。

（3）浸烫煺毛　在60～63℃水中浸烫2min左右进行煺毛，煺毛顺序从两侧大腿开始，再右侧背、腹部、右翅、左侧背、左翅，最后头颈部。在清水中洗净，搓掉表皮，使鸡胴体洁白。

（4）开膛造型　将清水泡后的白条鸡取出，使鸡体倒置，将鸡腹肚皮绷紧，用刀贴着龙骨向下切开小口，以能插进两手指为宜。用手指将全部内脏取出后，清水洗净。用刀背将大腿骨打断（不能破皮），然后将两腿交叉，使跗关节套叠插入腹内，把右翅从颈部刀口穿入，从嘴里拔出向右扭，鸡头压在右翅两侧，右小翅压在大翅上，左翅也向里扭，用与右翅一样方法，并呈一直线，使鸡体呈十字形，形成"口衔羽翎，卧含双翅"的造型。造型后，用清水反复清洗，然后穿杆将水控净。

（5）上色油炸　沥干的鸡体，用糖水均匀涂抹全身，糖与水的比例通常为1∶2，稍许沥干。然后将鸡放至加热到150～200℃的植物油中，翻炸1min左右，使鸡呈红色或黄中带红色时取出。油炸时间和温度至关重要，温度达不到时，鸡体上色不好。油炸时必须严禁弄破鸡皮。

（6）煮制　将各种配料连袋装于锅底，然后将鸡坯整齐地码好，将体格大或较老的鸡放在下面，体格小或较嫩的鸡放在上面。倒入老汤，并加适量清水，使液面高出鸡体，上面用竹箅和石头压盖，以防加热时鸡体浮出液面。先用旺火将汤烧开，煮时放盐，后放硝酸钠，以使鸡色鲜艳，表里一致。然后用文火徐徐焖煮至熟。当年仔鸡煮1～1.5h，隔年以上老鸡煮5～6h。若批量生产，鸡的老嫩要一致，以便于掌握火候，煮时火候对烧鸡的香味、鲜味都有影响。出锅捞鸡要小心，一定要确保造型完好，不散、不破，注意卫生。

十六、德州扒鸡

（一）方法一

1. 原料配方（以100kg鸡计）

鸡100kg，白砂糖1.5kg，食盐1.5kg，黄酒1.5kg，酱油1kg，芝麻油1kg，丁香0.15kg，花椒0.05kg，姜0.25kg，葱0.25kg，八角0.05kg，桂皮0.05kg，茴香0.5kg，肉蔻0.5kg，砂仁0.5kg。

2. 工艺流程

材料的选择和处理→油炸→煮制→成品

3. 操作要点

（1）材料的选择和处理　选择使用当年的新鸡，在颈部宰杀，放血，经过浸烫脱毛、腹下开膛、除净内脏、清水洗净后，将两腿交叉盘至肛门内，将双翅向前颈部刀口处伸进，在喙内交叉盘出，形成卧体含双翅的状态，造型优美。

（2）油炸　把整好形的鸡，用毛刷涂抹以白砂糖炒制成的糖色，再放到油温为180℃的锅中炸1～2min，以鸡全身为金黄透红为宜。要防止炸的时间过长，变成黄黑色，而影响产品质量。

（3）煮制　将配料装入纱布做的小口袋内放入锅内，将炸好的鸡按顺序摆放在锅中，然后加汤水，上面用铁算子压住，先用大火煮沸1～2h，然后改为文火煮3～5h，小心取出，以防碰破鸡身。

（二）方法二

1. 原料配方（以150kg鸡计）

食盐3.5kg，酱油4kg，八角10kg，桂皮0.125kg，肉豆蔻0.05kg，草豆蔻0.05kg，丁香0.025kg，白芷0.125kg，山柰0.075kg，陈皮0.05kg，茴香0.1kg，砂仁0.01kg，花椒0.1kg，姜0.03kg，口蘑0.6kg，草果0.05kg，白砂糖适量。

2. 工艺流程

宰杀煺毛→造型→上糖色→油炸→煮制→成品

3. 操作要点

（1）宰杀煺毛　选用1.0kg左右的小公鸡或未下蛋的母鸡，颈部宰杀放血，用70～80℃热水冲烫后去掉羽毛。剥去脚爪上的老皮，在鸡腹下近肛门处横开3.3cm的刀口，取出内脏、食管，割去肛门，用清水冲洗干净。

（2）造型　将光鸡放在冷水中浸泡，捞出后在工作台上整形，鸡的左翅自脖子下刀口插入，使翅尖由嘴内侧伸出，别在鸡背上，鸡的右翅也别在鸡背上。再把两大腿骨用刀背轻轻砸断并起交叉，将两爪塞入鸡腹内，形似鸳鸯戏水的造型。造型后晾干水分。

（3）上糖色　将白砂糖炒成糖色，加水调好，在造好型的鸡体上涂抹均匀。

（4）油炸　在锅内放入适量的花生油，再中火烧至八成热时，将已经上好色的鸡放在热油锅中，油炸1～2min，炸至鸡体呈金黄色、微光发亮即可。

（5）煮制　炸好的鸡体捞出，沥油，放在煮锅内层层摆好，锅内放清水（以没过鸡为度），加料包、拍松的生姜、精盐、口蘑、酱油，用算子将鸡压住，防止鸡体在汤内浮动。先用旺火煮沸，小鸡 1h，老鸡 1.5～2h 后，改用微火焖煮，保持锅内温度 90～92℃ 微沸状态。煮鸡时间要根据不同季节和鸡的老嫩而定，一般小鸡焖煮 6～8h，老鸡焖煮 8～10h，即为熟好。煮鸡的原汤可留作下次煮鸡时继续使用，鸡肉香味更加醇厚。

（6）成品　出锅时，先加热煮沸，取下石块和铁箅子，一手持铁钩钩住鸡脖处，另一手拿笊篱借助汤汁的浮力顺势将鸡捞出，力求保持鸡体完整。再用细毛刷清理鸡体，晾一会儿，即为成品。

（三）方法三

1. 原料配方（以 100kg 鸡计）

食盐 3.5kg，酱油 4kg，花椒 10kg，八角 10kg，砂仁 0.1kg，茴香 0.1kg，桂皮 0.125g，肉豆蔻 0.05kg，丁香 0.025kg，白芷 0.12kg，草果 0.050kg，山柰 0.075kg，生姜 0.3kg，葱 0.5kg，陈皮 0.05kg，草豆蔻 0.05kg。

2. 工艺流程

原料选择→宰杀和造型→上色和油炸→煮制→成品

3. 操作要点

（1）原料选择　以中秋节后的当年新鸡为最好，每只活重 1～1.5kg，并且健康无病。

（2）宰杀和造型　宰杀采用颈部三管切断法放血宰杀，鸡血液放干净后，于 60℃ 左右水中浸烫煺毛，腹下开膛，除净内脏，用清水洗净后，将两腿交叉盘至肛门内，将双翅向前经由颈部刀口处伸进，在喙内交叉盘出，形成"口衔羽翎，卧含双翅"的状态，造型优美。然后晾干，即可上色和油炸。

（3）上色和油炸　把做好造型的鸡用毛刷涂抹糖水于鸡体上，晾干后，再放至 150℃ 油内炸 1～2min，当鸡坯呈金黄透红为止。防止炸的时间过长，变成黄褐色，影响产品质量。

（4）煮制　将配制的香辛料用纱布袋装好并扎好口，放入锅内，将炸好的鸡沥干油，按顺序放入锅内排好，将老汤和新汤（清水 30kg，放入去掉内脏的老母鸡 6 只，煮 10h 后，捞出鸡骨架，将汤过滤便成）对半放入锅内，汤加至淹没鸡身为止，上面用铁算子或石块压住以防止汤沸时鸡身翻滚。先用旺火煮沸 1～2h（一般新鸡 1h，老鸡约 2h），改用微火焖煮，新鸡 6～8h，老鸡 8～10h 即熟，煮时姜切片、葱切段塞入鸡腹腔内，焖煮之后，加水把汤煮沸，揭开锅将铁算或石块去除，利用汤的沸腾和浮力，左手用钩子钩着鸡头，右手用漏勺端鸡尾，把扒鸡轻轻提出。捞鸡时一定要动作轻捷而稳妥，以保持鸡体完整。然后，用细毛刷清理鸡身上的料渣，晾一会即为成品。烹制时油炸不要过久。加调味料入锅焖烧时，旺火烧沸后，即用微火焖酥，这样可使鸡更加入味，忌用旺火急煮。

十七、五香卤牛肉

1. 原料配方（以 100kg 牛肉计）

食盐 10kg，植物油 10kg，酱油 6kg，葱 5.2kg，姜 3.2kg，白砂糖 2kg，八角 0.2kg，甜面酱 6kg，料酒 3kg，茴香 0.2kg，丁香 0.2kg，草果 0.2kg，砂仁 0.2kg，白芷 0.2kg，豆蔻 0.1kg，桂皮 0.2kg，花椒 0.2kg。

注：配方中花椒、茴香、丁香、草果、砂仁烘干研成粉末使用。

2. 工艺流程

原料处理→腌制→卤制→成品

3. 操作要点

（1）原料处理　首先最好选用优质、无病的新鲜牛肉。如使用冻牛肉，则应先用清水浸泡，解冻一昼夜。卤制前将肉洗净，剔除骨、皮、脂肪及筋膜等，然后按不同部位截选肉块，切割成每块重 0.8～1kg。将截选切割的肉块按肉质老嫩分别存放备用。

（2）腌制　将肉切成 330g 左右的块，用竹签扎孔，将白砂糖、食盐、八角掺匀撒在肉面上，逐块排放缸内，葱、姜拍烂放入，上压竹算子，每天翻动 1 次。腌制 10d 后将肉取出放清水内洗净，再用清水浸泡 2h，捞出沥干水分。

（3）卤制　锅内加入植物油，待油热后将甜面酱用温水化开倒入，用勺翻炒至呈红黄色时兑入开水，加料酒和酱油。汤沸时将牛肉块放入开水锅内，开水与肉等量，用急火煮沸，并按一定比例放入辅料，先用大火烧开，改用小火焖煮，肉块与辅料下锅后隔 30min 翻动 1 次，煮 2h 左右待肉块煮烂，肉呈棕红色和有特殊香味时捞放在算子上，晾冷后便为成品。

十八、广州卤牛肉

1. 原料配方 (以 100kg 牛肉计)

冰糖 5.5kg，高粱酒 5.5kg，白酱油 5.5kg，食盐 1.2kg，八角 0.5kg，桂皮 0.5kg，花椒 0.5kg，草果 0.5kg，甘草 0.5kg，山奈 0.5kg，黄酒 6kg，丁香 0.5kg，芝麻油、黄酒、食用苏打适量。

2. 工艺流程

原料整理→预煮→卤制→成品

3. 操作要点

(1) 原料整理　选用新鲜牛肉，修去血筋、血污、淋巴等杂质，然后切成重约 250g 的肉块，用清水冲洗干净。

(2) 预煮　先将水煮沸后加入牛肉块，用旺火煮 30min（每 5kg 沸水加苏打粉 10g，加速牛肉煮烂）。然后将肉块捞出，用清水漂洗 2 次，至牛肉完全没有苏打味时捞出，沥干水分待卤。

(3) 卤制　用细密纱布缝一个双层袋，把固体香辛料装入纱布袋内，再用线把袋口密缝，做成香辛料袋。在锅内加清水 100kg，投入香辛料袋浸泡 2h，然后用文火煮沸 1.5h，再加入冰糖、白酱油、食盐，继续煮半小时。最后加入高粱酒，待煮至散发出香味时即为卤水。将沥干水分的牛肉块移入卤水锅中，煮沸 30min 后，加入黄酒，然后停止加热，浸泡在卤水中 3h，捞出后刷上芝麻油即为卤牛肉。

十九、郑州卤炸牛肉

1. 原料配方 (以 100kg 牛后腿肉计)

食盐 5kg，大葱 2.2kg，料酒 1.2kg，生姜 1kg，红曲米粉 1kg，草果 0.1kg，八角 0.2kg，良姜 0.15kg，花椒 0.2kg，硝酸钠 0.15kg，桂皮

0.1kg，丁香0.05kg，芝麻油适量。

2. 工艺流程

选料和处理→腌渍→卤制→油炸→成品

3. 操作要点

（1）选料和处理　将牛后腿肉中的骨、筋剔去，切成200g左右的长方形肉块。

（2）腌渍　用食盐、花椒、硝酸钠腌制切好的肉块。放入缸内腌渍，每天翻动1次。腌制时间冬季5～7天，夏季2～3天。待肉腌透发红后捞出洗净，控去水分。

（3）卤制　把腌透的牛肉放入开水锅内煮30min，撇去锅内的浮沫，然后加入辅料（料酒加入时间：牛肉卤制八成熟时）。转文火煮2h，煮熟后捞出冷却。

（4）油炸　把煮熟的牛肉用红曲米水染色后，放入芝麻油锅油炸，外表炸焦即为成品。

二十、广州卤牛腰

1. 原料配方（以100kg牛肾计）

酱油4.5kg，白砂糖2.25kg，食盐2.15kg，甘草0.65kg，陈皮0.65kg，草果0.55kg，丁香0.055kg，八角0.55kg，花椒0.55kg，桂皮0.55kg。

2. 工艺流程

原料整理→焯水→卤制→成品

3. 操作要点

（1）原料整理　选用新鲜的牛肾，首先撕去外表的一层薄膜，然后剔除全部结缔组织，略为切开一部分，最后用清水清洗干净。

（2）焯水　清洗好的牛肾放入100℃的开水锅中，浸烫20min左右，再放入清水中浸泡10min，以进一步除腥臊味，捞出沥干水分。

（3）卤制　香辛料放在纱布袋中，和其他原料一起放入锅内，待汤沸后撇去浮沫，卤制 40min 左右，然后牛肾继续浸于卤汁中晾凉即可。食用时切片装盘，浇上少许卤汁，涂上芝麻油即成。

二十一、洛阳卤驴肉

1. 原料配方（以 100kg 驴肉计）

食盐 6.5kg，花椒 0.25kg，生姜 0.25kg，白芷 0.1kg，荜拨 0.1kg，八角 0.1kg，桂子 0.05kg，硝酸钠 0.05kg，丁香 0.05kg，茴香 0.1kg，陈皮 0.1kg，草果 0.1kg，肉桂 0.1kg，老汤适量。

2. 工艺流程

原料选择和处理→卤制→成品

3. 操作要点

（1）原料选择和处理　选择新鲜剔去骨头的驴肉，将其切成 2kg 左右的肉块，放入清水中浸泡 12～24h（夏季浸泡时间要短些，冬季时间可以长些）。浸泡过程中要翻搅，换水 3～6 次，达到去血去腥的目的，然后捞出晾至肉块无水即可。

（2）卤制　在老汤中加入清水烧沸，撇去浮沫，将肉坯下锅，煮沸再撇去浮沫，即可将辅料下锅，用大火煮 2h 后，改用小火再煮 4h，卤熟后，撇去锅内浮油，捞出肉块凉透即为成品。

二十二、河南周口五香驴肉

1. 原料配方（以 100kg 驴肉计）

盐 6～12kg，豆蔻 0.5kg，花椒 0.3kg，甘草 0.2kg，八角 0.5kg，山奈 0.4kg，丁香 0.2kg，陈皮 0.5kg，草果 0.2kg，肉桂 0.3kg，姜 0.7kg，硝酸钠 0.3kg，料酒 0.5kg。

2. 工艺流程

原料处理→腌制→焖煮→成品

3. 操作要点

（1）原料处理　取新鲜驴肉剔去骨、筋、膜，然后分割成 1kg 左右的肉块。

（2）腌制　季节不同，腌制方法、时间不同。夏季采用快腌，即 100kg 驴肉用食盐 12kg、硝酸钠 0.3kg、料酒 0.5kg，将肉料揉搓均匀后，放在腊肉池或缸内，每隔 10h 翻 1 次，腌制 3 天即成。春、秋、冬季主要采用慢腌，每 100kg 驴肉用食盐 6kg、硝酸钠 0.20kg、料酒 0.5kg，腌制 5～7 天，每天翻肉 1 次。

（3）焖煮　将腌制好的驴肉放在清水中浸泡 1.5h，洗净，捞出放在案板上沥去水分。将驴肉、辅料放进老汤锅内，用大火煮沸 2h 后改用小火焖煮 8～10h，出锅即为成品。

第六章
果蔬豆类休闲食品

第一节　果脯食品

一、桃脯

1. 原料配方

桃子 10kg，白砂糖 1.75kg。

2. 工艺流程

选料→去皮→硫化→剖开去核→糖制→冷却→整形→干燥→包装→成品

3. 操作要点

（1）选料　制作桃脯要选用刚由青转白或转黄、肉质坚硬的白肉桃或黄肉桃作原料。

（2）去皮　将鲜桃置于竹篮中，放入含有 2%～3% 的氢氧化钠溶液中搅动 1min，使桃皮自然脱落。

（3）硫化　将去皮的桃子用清水洗净，倒入含有 0.2%～0.3% 的亚硫酸氢钠液中浸泡 4～8h，使桃肉转为洁白色。

（4）剖开去核　将经过处理的桃子洗干净后，用小刀沿桃子的缝合线对剖开，切成两半，并挖去果核。

(5) 糖制　将浓度为 35%～40% 的糖液煮沸，将去核的桃子入锅煮 10min。然后将桃子及糖液一起倒入大缸，浸渍 12～24h。浓度为 50% 的糖液煮沸，将经过第一次糖煮的桃子倒入，煮 4～5min，取出桃子，凹面向上，铺于竹屉上冷却、晾晒，直至桃子的总量缩减 1/3 为止。浓度为 65% 的糖液煮沸，将已半干的桃子倒入，煮 15～20min。

(6) 冷却、整形　将经过第三次糖煮的桃子取出，沥净糖液，放在竹屉上冷却。然后，用手将桃子捏成整齐的扁平圆形。

(7) 干燥　将经过整形的桃子放在竹屉上晾晒，也可在 60～70℃ 的烘房内烘烤 18～24h，直至桃子表面不粘手，果肉稍具弹性时，即为桃脯。

(8) 包装　用塑料薄膜食品袋装好封口。

二、樱桃脯

1. 原料配方

(1) 原料　新鲜樱桃 100%，白砂糖 60%，柠檬酸 0.7%。

(2) 硬化剂　焦亚硫酸钠 0.3%～0.4%。

2. 工艺流程

原料选择→硬化→去核→糖渍→糖煮→烘制→包装→成品

3. 操作要点

(1) 原料选择　选用成熟度八成，新鲜饱满，个大肉厚，风味正常，无霉烂、无病虫、无机械损伤的果实。

(2) 硬化　将挑选好的樱桃倒入 0.3%～0.4% 的焦亚硫酸钠溶液中浸泡 1 天左右。浸泡时间不宜过长，否则会导致樱桃裂口。

(3) 去核　浸硫后用人工或去核机将樱桃的核去掉。去核时不得破坏果实完整，不使果肉破碎。

(4) 糖渍　将去核的樱桃进行漂洗，以除去残余的硬化剂。然后把樱桃放在 55% 的清糖液中腌制约 4h。

(5) 糖煮　糖渍后的樱桃果实与糖液一起倒入锅内，并加适量白砂糖及柠檬酸调节酸度。糖煮时间约 30min，使糖液浓度达到 50%。煮制时要使糖液充分渗透到果实内，把水分替换出来，并保持果实不变形、不皱缩。

（6）烘制　将煮制好的樱桃果肉连同糖液一起倒入缸内进行第二次糖渍，时间1～2天。然后将果实捞出，沥净糖液，或放在温开水中冲洗一次，洗去果实表面糖液，即可入烘房烘制。烘房温度保持60～65℃，烘制7h后出房冷却，即为成品。

（7）包装　包装时剔除杂物及破碎果，并按果实颜色分拣开，用食品袋包装。

三、山楂脯

1. 原料配方

山楂50kg，白砂糖25kg。

2. 工艺流程

原料→分选→清洗→去核→糖煮→干燥→包装→成品

3. 操作要点

（1）原料　选用新鲜饱满、色泽鲜艳、果个较大（果径在2cm以上）、果肉厚实、组织紧密、成熟度八九成、无病虫害的山楂果实作原料。

（2）清洗、去核　用清水将果实漂洗干净，再用捅核机或打孔器将果蒂、梗及核除掉。

（3）糖煮　可以采用一次煮成法或分次煮成法。

① 一次煮成法　山楂50kg，白砂糖25kg。先将20kg白砂糖配成浓度为40%的糖液，置于锅中煮沸，倒入山楂果实，迅速加热至沸，再保持微沸30min，用小火慢慢煮制，使果实均匀沸腾，以免剧烈沸腾使果实破裂。然后将另5kg白砂糖分两次加入，继续煮到果肉全部被糖液浸透，呈透明状时，即可出锅。将果实连同糖液一起置于缸内浸泡12h。

② 分次煮成法　先将白砂糖配成45%糖液，煮沸，倒入山楂果实，煮沸5min，将果实与糖液一起置于缸内浸泡12h。然后重新倒入锅内，将糖液加热至沸，煮至果肉透明即可出锅，再用糖液浸泡12h。

（4）干燥　从糖液中捞出果实，沥干糖液，放在竹屉或烘盘内，放入烘房的架上干燥，干燥温度为60～65℃，干燥时间10h左右，烘至果脯不粘手，软硬适度，含水量在 18％ 以下时即可出烘房。

（5）包装 按质量要求进行山楂的分级，果脯饱满整齐、有光泽、均匀一致的为甲级，其余的为乙级。分级后用食品袋包装并密封。

四、苹果脯

1. 原料配方

（1）原料 新鲜苹果 100kg，白砂糖 66kg，食盐 1kg。

（2）试剂 亚硫酸氢钠 160～250g（或硫黄 300g），氯化钙 80～160g，柠檬酸 80g。

2. 工艺流程

原料选择→去皮→切分→去心→硫处理→硬化处理→糖煮→糖渍→干燥→整形→包装→成品

3. 操作要点

（1）原料选择 选用果形大而圆整，果心小，肉质疏松，不易煮烂，八成熟的果实为原料。以糖酸比较低的品种为佳。剔除病虫害、腐烂果、过小和未成熟或过熟的果实。

（2）整理 将选好的原料用不锈钢刀或旋皮机削去果皮，挖除损伤部分，然后对半切分，挖除果心。而后迅速放入 1％ 食盐水溶液中进行护色。

（3）硫处理 硫处理可采取以下两种方法。硫处理后用清水将果块漂洗 2～3 次，捞出，沥干水分。

① 熏硫 将果块从食盐水中捞出，经冲洗后沥干水分，铺在竹盘上，送入熏硫室中进行熏硫处理。以果重 0.3％ 的硫黄量，点燃熏制 2h 左右。

② 浸硫 将果块放在浓度为 0.2％～0.4％ 的亚硫酸氢钠水溶液中，浸渍 8～10h，进行硫处理。如果果肉质地疏松，也可在溶液中添加 0.1％～0.2％ 的氯化钙，在浸硫的同时进行硬化处理。

（4）糖煮、糖渍 先用白砂糖和水配制成 40％～50％ 的糖液 25kg，加入果重 0.08％～0.1％ 的柠檬酸，煮沸后，加入经整理好的苹果块，用旺火煮沸后经 4～6min，添加浓度为 50％ 的冷糖液 3～5kg，再煮沸，再添加冷糖液，如此反复进行 3 次，需煮制 30～40min。待果块发软膨胀，表面出现细小裂纹后，便开始撒入白砂糖。每次煮沸（5min左右）后，撒糖一次，共加糖5～6次。第1次、第2次可加入白砂糖5kg，第3次、第4次可加入白砂糖5.5kg。

每次加糖后也可再加入浓度为60％的冷糖液1kg，最后1～2次可撒入白砂糖6～7kg，总加糖量为果重的2/3。然后维持文火加热煮制20min左右。全部糖煮过程需1～1.5h。当果块呈透明状时，即可将果块和糖液一起放入缸中，浸渍24～48min，至糖分渗透均匀为止。

（5）干燥　将糖渍的果坯捞出，沥干糖液，均匀地摆放在竹帘或烘盘上，送入烘房进行干燥。在60～70℃的温度条件下，烘制24～48h，直至表面不粘手时，即为成品。也可放在太阳下晒干。

（6）整形、包装　将出烘房的果脯放在25℃左右的室内回潮24～26h，修整去除果脯上的杂质、斑点及碎渣，剔除煮烂的、干瘪的和色泽不好的不合格产品，然后用聚乙烯塑料薄膜袋进行包装。

五、梨脯

1. 原料配方

梨100％，白砂糖60％，氢氧化钠3％，亚硫酸溶液（0.1％～0.2％）。

2. 工艺流程

原料处理→熏硫→糖渍→第一次糖煮→糖渍→第二次糖煮→糖渍→整形→烘烤→包装→成品

3. 操作要点

（1）原料处理　挑选果形大小比较一致，成熟度为七八成，肉质厚、水分含量少，无虫蛀和伤疤的果实为原料。配成约3％的氢氧化钠溶液，加热煮沸，再将梨倒入锅内煮沸15min左右，梨皮薄的时间可以短些，然后捞起放入竹箩。将梨带竹箩放到清水里漂洗，将果皮冲洗干净。将梨用水果刀对半切开，挖去果心、果核。

（2）熏硫　将梨放在0.1％～0.2％的亚硫酸溶液中浸4～8h（溶液浓度高，则时间可短些），然后用清水漂洗，沥干水分。

（3）糖渍　先称取梨块重 20％的白砂糖，搅拌均匀后浸渍 1 天。

（4）第一次糖煮　第 2 天再称取梨块重 20％的白砂糖，放入铜锅内，加入与白砂糖等量的水，加热溶化，将糖液与梨块一起倒入铜锅，煮 20min。将梨块连同糖液起锅，继续糖渍 1 天。

（5）第二次糖煮　第 3 天再称取 20％的白砂糖照上法进行第二次糖煮，时间为 30min。继续糖渍 1 天，使糖液充分渗透到梨块各个部位。

（6）整形　将糖渍后的梨块压扁，放在烘盘上，注意不要叠得太厚。

（7）烘烤　将装梨干的烘盘送入烘房，用 50～60℃温度烘烤（温度不能过高，否则易结块焦化），经 1 天或 1 天半即可得梨脯成品。

（8）包装　一般先用塑料薄膜食品袋包装，再装入纸板箱。

六、海棠脯

1. 原料配方

海棠果 100kg，白砂糖 75kg，亚硫酸氢钠 60g，柠檬酸 100g，食盐 2kg。

2. 工艺流程

原料选择→整理→硫处理→糖煮、糖渍→烘干→包装→成品

3. 操作要点

（1）原料选择　选用新鲜完整，大小较均匀，成熟度八成熟的小型海棠果为原料。剔除有病虫害、严重斑疤、破损、过生或过熟的果实。

（2）整理　将海棠果用清水洗净，沥干水分。剪短果柄，留 1～2mm 长，挖去花萼。然后用刺孔机或手工在果面上均匀地刺孔，并立即放入 1％～2％的食盐水中护色。

（3）硫处理　将海棠果从盐水中捞出，用清水冲洗一次，沥干水分，放入浓度为 0.2％～0.3％的亚硫酸氢钠水溶液中浸泡 4～8h。而后捞出，用清水漂洗，并沥干水分。

（4）糖煮、糖渍　以果重 30％的白砂糖配制成浓度为 50％的糖液，并加入 0.15％的柠檬酸，放入锅中煮沸，然后倒入经处理的海棠果。再次煮沸，维持微沸煮制 10min 左右，果肉变软时浇入浓度为 55％的冷糖液 3

次，每次浇糖液 5～6kg，每次间隔 5～6min，再次沸腾后分 3 次加入砂糖和浓糖液。每次加砂糖 5kg 左右、浓糖液 2kg。然后再根据煮制情况加砂糖 2～3 次，每次间隔 10min 左右，每次加砂糖 8～10kg，最后 1 次加糖后，煮沸 20min 左右，直至海棠果肉透明。整个煮制过程约为 1.5h。将煮好的海棠果坯连同糖液一起放入缸内，糖渍 24～48h，使果肉吃糖饱满。

（5）烘干　将糖渍的海棠果坯捞出，沥干糖液，摆放在竹屉上，送入烘房在 60～70℃的温度条件下，烘烤 24～48h，直至表面不粘手即为成品。

（6）包装　将烘烤好的果脯冷却回潮后，修整去除果脯上的杂质、斑点及碎渣，剔除煮烂果等不合格者。装入聚乙烯薄膜袋内，再装入纸箱中进行包装贮存。

七、沙果脯

1. 原料配方

沙果 100kg，白砂糖 70kg，亚硫酸氢钠 40～60g，食盐 2kg。

2. 工艺流程

原料选择→清洗→切分→去核→硫处理→糖煮、糖渍→烘干→包装→成品

3. 操作要点

（1）原料选择　选用肉质硬、个大均匀、新鲜完整，成熟度八成，果实表面由绿转黄的沙果为原料。剔除有病虫害、腐烂、干疤和过生或过熟的果实。

（2）清洗、切分、去核　将选好的沙果清洗干净，除去果柄，对半切开，挖去籽巢。立即放入 1%～2% 的食盐水溶液中进行护色。

（3）硫处理　将护色后的沙果捞出，用清水冲洗后，沥干水分，放入浓度为 0.2%～0.3% 的亚硫酸氢钠溶液中浸泡 4～6h，进行硫处理。然后用清水漂洗一次，并沥干水分。

（4）糖煮、糖渍　以果重 25% 的白砂糖，配制成浓度为 45%～50% 的糖液，放在锅内煮沸后，倒入经处理的沙果，重新煮沸，维持微沸煮制 3～5min 后，加入浓度为 50% 的冷糖液 10kg，煮沸 3～5min，再加入浓度

为 50％的冷糖液 10kg，继续煮沸 5～8min 后，开始分 3 次加入白砂糖，每次加入果重 15％的白砂糖，每次加糖煮沸 8～10min，第 3 次加糖后煮沸 15～20min，直至果肉被糖液浸透。将沙果连同糖液一起放入缸内，浸渍 24～48h，待果坯充分吸足糖液，外形饱满时止。

（5）烘干　将经糖渍的沙果坯捞出，沥干糖液。然后将其逐个用手压成扁圆形，摆放在烘盘上，送入烘房在 60～70℃的温度条件下，烘烤 24～48h，至表面不粘手为止。烘烤过程中应注意翻盘和倒盘 1～2 次，以使果坯受热均匀。

（6）包装　将烘烤好的沙果脯取出，待冷却回潮后，经整形并剔除杂质和不合格的果脯，然后装入聚乙烯薄膜袋中进行包装。

八、葡萄果脯

1. 原料配方

葡萄 50kg、白砂糖 55～65kg、柠檬酸 0.6～0.8kg、0.05％的高锰酸钾溶液适量。

2. 工艺流程

选料→剪穗→淋洗→摘粒→分选→热烫→糖渍→糖浸→烘烤→回软拌粉→分级→包装→成品

3. 操作要点

（1）选料　葡萄原料成熟度需高些，可在 9 成熟到足熟之间采收。最好选用色淡的品种。

（2）原料处理　将腐烂粒摘除后，用剪刀把果穗剪成小穗，然后用流动水冲洗 2～3min，再用 0.05％的高锰酸钾溶液浸泡 3～5min，最后用清水漂洗 2～3 次，洗至水不带红色为止。摘粒时注意不要摘破，同时进行挑选，剔除伤烂、病虫害果及过生过小的未成熟粒。将选好的葡萄粒用沸水热烫 1～2min，然后立即放入冷水中冷却。

（3）糖渍　每 50kg 葡萄加入白砂糖 25～35kg，一层果一层糖腌渍起来，最后要用糖把果面盖住。糖渍 24h 后，把糖液滤入锅中，加入白砂糖 10kg 煮沸溶化，倒入果实中，继续糖渍 24h。

（4）糖浸 将糖渍葡萄的糖液滤出，倒入锅中加热，加入白砂糖10kg，待溶化后煮沸并停止加热，将葡萄倒入，浸泡4～6h，然后捞出再向糖液中加入白砂糖10kg，煮沸溶化，并加入适量柠檬酸，保持糖液中含有适量的还原糖，倒入上述糖浸的葡萄，连糖液一起移入缸中浸泡24～48h。总之，葡萄果脯的糖浸就是将葡萄放入逐渐增浓的糖液中进行渗糖的过程，一般不能和糖液共煮。经1～2d后，视葡萄浸糖饱满变得透明时即可。

（5）烘烤 葡萄果脯的烘烤分两次进行，中间要注意通风排湿和倒盘整形。第一次烘烤时，将葡萄轻轻捞出，沥净糖液后放入盘中摊平，送入烘房，在60～65℃的温度下烘烤6～8h，待葡萄中的含水量降至26％～34％时，取出烤盘，适当回潮整形后进行第二次烘烤。第二次烘烤温度控制在55～60℃，烘4～6h，待含水量降至18％左右、产品不粘手时即可出房。葡萄脯的烘烤中要注意调换烘盘位置，翻动盘内果实。倒盘一般在第一次烘烤结束时进行，结合倒盘，可适当地用手将果实搓成圆形或扁圆形。

（6）回软拌粉 烘烤好的产品放在室内，回潮半天至一天，剔出带有黑点或发黑的果脯以及破碎者等不合格产品，将合格品进行拌粉。将葡萄糖和柠檬酸分别研成细末，按40：1的比例混合均匀，使回潮的葡萄果脯在粉中滚过，风干半天即可进行包装。另外，因葡萄品种不同，果实酸度不一样，可据口味不同，适当增减粉中柠檬酸的量。

（7）包装 用带有商标的无毒塑料袋作100g、200g、250g等不同的定量包装，密封后放入阴凉干燥处贮存。

九、柿脯

1. 原料配方

（1）原料 柿子100kg，白砂糖125kg。

（2）试剂 柠檬酸0.2％，氯化钠4.5％，氧化钙1.5％，0.3％亚硫酸溶液。

2. 工艺流程

选料→清洗→脱涩→去皮→切分→硫处理→烫漂→浸糖→烘干→包

　　装→成品

3. 操作要点

　　（1）选料　　选个大、肉厚、含糖多，并剔除虫害及机械损伤的果实。

　　（2）脱涩　　用4.5％氯化钠和1.5％氧化钙的混合液浸泡柿子，用重物压住，以防柿子上浮和产生白膜及褐变现象。

　　（3）去皮、切分　　削皮后，纵切4块，清水脱盐。

　　（4）硫处理　　将无咸味的果块浸入亚硫酸溶液中，浸至半透明即可。

　　（5）烫漂　　促使组织软化，便于渗糖，沸水中煮沸2～5min。

　　（6）浸糖　　在45％左右已煮沸的糖液中放入果块，沸腾5min，加入45％的冷糖液，加量为果块重的10％。反复3～4次，至果块变软，开始加入白砂糖，分4～5次加入，同时加入少许冷糖液，然后只加白砂糖，全部加入量为果块重的1.5倍，为防返砂，可加入适量柠檬酸。

　　（7）烘干　　沥去糖液，入烘房，温度控制在60～70℃，烘至不粘手为止。

　　（8）包装　　成品选用透气性差和机械强度高的聚乙烯袋进行真空包装。

十、猕猴桃脯

1. 原料配方

　　新鲜猕猴桃100％，白砂糖60％，氢氧化钠18％～25％，0.2％～0.3％亚硫酸氢钠。

2. 工艺流程

　　选料→清洗→去皮→切片→浸渍→糖煮→烘干→包装→成品

3. 操作要点

　　（1）原料处理　　选用新鲜饱满、成熟度八成左右、直径2.5cm以上的中华猕猴桃果实。剔除过青或过熟果及病、虫、霉变发酵果。洗去表面污物，拣出夹杂物，然后进行去皮。先配浓度18％～25％的氢氧化钠溶液煮沸，将猕猴桃果实倒入浸煮1～1.5min，保持去皮温度90℃以上，轻轻搅动果实，使果实充分接触碱液。当果皮变蓝黑色时，立即捞出，用手工（戴橡皮手套）轻轻搓去果皮，用水冲洗干净，倒入 1％盐水中护色。

（2）切片　将果实两头花萼、果梗、硬心切除，然后纵切或横切成 0.6～1cm 的果片，切片要求厚薄基本一致。

（3）浸渍　将果片放入浓度 0.2％～0.3％亚硫酸氢钠溶液中浸泡 0.5h。

（4）糖煮　将果片取出，沥去亚硫酸氢钠溶液，放入 40％糖水中煮沸 5～6min。取出果片在 50％冷糖浆中浸泡 12h，再捞出果片放入浓度 60％沸腾的糖浆中煮 6～8min，至果片透明。

（5）烘干　将果片取出沥干糖液，铺放在竹盘上在 50～60℃下烘烤，烘烤后期以手工整形，将果心捏扁平，继续烤至不粘手即成。烘烤中注意翻盘和翻动果片使受热均匀，防止焦化。

（6）包装　按果片色泽、大小、厚薄分级，将破碎、色泽不良、有斑疤黑点的拣出。用塑料袋包装，同一袋中果片色泽、大小、厚薄应大致均匀。

十一、菠萝果脯

1. 原料配方

鲜菠萝 100％，白砂糖 30％，0.2％～0.3％亚硫酸氢钠、姜汁适量。

2. 工艺流程

选料→清洗→切端→通心→去皮→清洗→切片→护色→清洗→糖煮→糖渍→烘干→加姜汁→二次烘干→包装→成品

3. 操作要点

（1）选料　选用成熟度为八九成的菠萝鲜果，要求果肉带黄色，无坏烂，无虫病。

（2）原料处理　选果后用流动水清洗一次，切去端头，挖去果心，削皮，对有疤痕的要削净。经削皮的菠萝，用水冲洗后，切成厚 10mm 左右圆片或条状块，清洗、沥干。

（3）护色　将沥干的果肉放入浸泡池，加入 0.2％～0.3％亚硫酸氢钠溶液，果肉全部浸入液体，浸 8～12h，捞出清洗沥干。

（4）糖煮　用预先配好的 60％糖液，将果肉浸入，再加热煮沸，控温在 90℃左右煮 20min。糖煮时锅内糖液减少，果肉露出液面，可再加入糖液。

（5）糖渍　将煮好的果肉捞出放在缸中，加约 30％的白砂糖和适量的原液，浸渍 12h。

（6）烘干　捞出果肉，沥去糖液（糖液可继续使用），放入烘盘进行烘烤，用 70℃左右温度烘至手感有弹性（约 12h），即为香甜蜜味的菠萝果脯。

（7）加姜汁　根据消费者需要可添加姜汁、辣味汁等，使之充分混合，再烘干即为成品。

（8）包装　用聚乙烯薄膜袋密封包装。

十二、低糖金橘果脯

1. 原辅料

鲜金橘、蔗糖、麦芽糖、蜂蜜、奶粉、0.15％～0.30％氯化钙水溶液、柠檬酸、0.1％山梨酸钾、0.5％苯甲酸钠。

2. 工艺流程

原料挑选→洗净→刺孔→硬化→漂洗→糖制→沥干→烘制→掺拌蜂蜜和奶粉→烘制、整形→分级→包装→成品

3. 操作要点

（1）原料挑选与洗净　挑选色泽呈金黄色、外形饱满、大小均匀一致、已成熟的金橘果，拣除青绿色果和烂果，并用清水冲洗，除去泥沙和其他杂质。

（2）刺孔　在金橘果皮上，用刺孔机将其刺孔，小孔应均匀分布于果实整体。

（3）硬化　已刺孔的金橘果，放入 0.15％～0.30％的氯化钙水溶液中浸泡 15～20min，进行硬化。

（4）漂洗　已经硬化的原料入清水中漂洗 6～8h，每 2h 换一次水，直

至品尝原料无苦、咸味为止，捞出沥干。

（5）糖制

① 第一次糖渍　首先往 80kg 沸水中加 15kg 蔗糖和 5kg 麦芽糖，搅拌使其溶解，然后用柠檬酸调整糖液 pH 值为 2～2.5，并加入 0.1％的山梨酸钾或 0.5％的苯甲酸钠，以利保鲜。将漂洗好的原料放入真空糖渍机中，保持 30～40min，再打入温度为 80～90℃的上述糖液，在此真空度下保持 60min，然后缓慢放入空气，使其内外压力恢复平衡，再浸渍 8～10h。

② 第一次糖煮　将上述糖液连同原料一起倒入不锈钢的夹层锅中，加热煮沸 10～15min，糖液温度缓慢冷却至室温，捞出原料，沥干。

③ 第二次糖渍　将上述原料放回真空糖渍机中，放入 80～90℃的含有 33％蔗糖、2％麦芽糖、0.1％山梨酸钾、0.5％柠檬酸的糖液，真空度仍控制在 67～80kPa，保持 20～30min，待糖液中没有气泡，缓慢通入空气，至内外压力相等为止，再糖渍 10～15h。

④ 第二次糖煮　将糖液连同原料一起倒入不锈钢的夹层锅中，加热煮沸 10～15min，然后冷却至 80～90℃。

⑤ 第三次糖渍　将已冷至 80～90℃的糖液和原料一起放入已灭菌消毒的糖渍机中，浸泡 4～6h。

（6）沥干与烘制　用不锈钢笊篱，将半成品从糖液中捞出，沥去多余的糖液，放入竹筛中，摊均匀，在 40～50℃的热气流中烘制 30min，以不粘手为宜。

（7）掺拌蜂蜜和奶粉　将烘制过的半成品，用已煮沸过的 40％的蜂蜜糖液掺拌，尽可能地沥干，然后再掺拌 1.5％～2％的全脂奶粉。

（8）烘制、整形　将上述半成品放入竹筛，在 40～50℃的热气流中烘制至不粘手为止。

（9）包装　拣出次品，成品选用透气性差和机械强度高的聚乙烯袋进行真空包装。

十三、橙脯

1. 原料配方

橙子 5kg，白砂糖 3kg，绵白糖 500g，精盐 20g，明矾 10g。

2. 工艺流程

原料处理→盐渍→去汁、去核→糖渍→糖煮→干燥→整形→包装→成品

3. 操作要点

（1）原料处理　削去橙子外层的苦皮，切成两半。精盐和明矾用热水化开，把切好的橙子放入，浸腌 3h，水要没过橙子。

（2）去汁、去核　用漏勺将橙子捞出，以沥干盐水。然后压出橙汁，去掉橙核。

（3）糖渍　白砂糖 900g 用清水煮开，晾凉后制成冷糖水，把去核的橙子倒入，浸泡 24h。再一起倒入锅中烧开，随即连橙子带糖水全部倒入缸内，加入白砂糖 1.6kg 搅匀，使糖溶化，浸泡 10 天，使橙子充分吃进糖分。

（4）糖煮　把橙子连同糖水一起倒入大锅内，加入白砂糖 500g，用旺火烧开。立即用漏勺将橙子捞出，沥干糖液。

（5）干燥　将橙子倒在竹席上，摊开铺匀，在阳光下晒干或者入烘房烘干。

（6）整形　晒至或烘至橙子尚软，但水分已干时，用剪刀将半片橙子剪成棋子般的块状，放入盆中，加进绵白糖拌匀，即为橙脯。

（7）包装　成品选用透气性差和机械强度高的聚乙烯袋进行真空包装。

十四、西瓜脯

1. 原料配方

西瓜皮 1kg，白砂糖 600g，亚硫酸氢钠 1g，冷水 600mL，柠檬酸 0.2g。

2. 工艺流程

选料→去青皮→切条→硬化→糖煮→糖渍→晒干→包装→成品

3. 操作要点

（1）原料处理　将西瓜皮洗净，去青皮，切成 5cm 长、2cm 宽、1cm 厚的长方条。

（2）硬化　将亚硫酸氢钠放入 500mL 冷水中配成溶液，放入西瓜皮浸泡 30～40min，随后用清水漂洗干净。

（3）糖煮　取冷水 600mL、白砂糖 400g 和柠檬酸放入锅中，煮约 20min 后放入西瓜皮，用大火煮 4～5min（以瓜条软透为准），随后离火，用糖浸渍 5h。

（4）糖渍　将白砂糖 200g 放入锅中，与原有糖液和西瓜皮同上火煮沸 10～15min，待糖液收浓后，即离火。将煮好的西瓜皮连同糖液一起浸泡 5～6h。

（5）晒干　把西瓜皮捞出，放在竹屉上沥干糖液，晒干（以不粘手为准）即成。

（6）包装　成品选用透气性差和机械强度高的聚乙烯袋进行真空包装。

第二节　蔬菜休闲食品

一、糖蜜萝卜丝

1. 原料配方

萝卜 50kg，10％的食盐水 50kg，明矾 200g，绵白糖 15kg，滑石粉适量，柠檬酸 100g。

2. 工艺流程

洗净去皮→切丝→盐浸→糖浸→烘干→拌粉→成品

3. 操作要点

（1）洗净去皮、切丝　将萝卜洗净去皮后，切成 2mm×2mm×80mm

的细长丝。

(2) 盐浸　配制浓度为 0.4％的明矾溶液，然后加入食盐，使盐液浓度在 10％左右。将萝卜丝加入，使盐液浸没萝卜丝。心里美萝卜腌 1～1.5 天，白萝卜腌 3 天，红皮萝卜腌 4～5 天。

(3) 糖浸　沥干水分后，再用糖腌。红皮萝卜用 30％左右的糖液腌制 3 天左右；心里美萝卜和白萝卜以原料质量的 30％的糖直接与萝卜丝拌匀，并加入柠檬酸，糖渍 3 天，沥干糖液送入烘房。

(4) 烘干　将萝卜丝在 65℃左右温度下烘至七八成干，即为半成品。

(5) 拌粉　将萝卜丝从烘房取出后，每 100kg 拌入 5kg 左右滑石粉。所用滑石粉应不含有石棉成分，以广西的滑石粉为最佳。

4. 注意事项

为了矫正萝卜味，可加入一些用甘草、丁香等香料制成的调味液，以代替部分水。

二、糖蜜菊芋

1. 原料配方

菊芋 100kg，白砂糖 75～80kg，亚硫酸氢钠、柠檬酸适量。

2. 工艺流程

原料选择→清洗→去皮→切分→硫处理→烫漂→糖煮→糖渍→上糖衣→包装→成品

3. 操作要点

(1) 原料选择　选用块形圆整，肉质细腻，嫩脆，粗纤维少，无病虫害的新鲜菊芋为原料。

(2) 清洗　用清水将菊芋浸泡 20～30min，使表面的泥土软化，然后在流动水中彻底刷洗干净。

(3) 去皮、切分　用竹片或小刀刮去菊芋的表皮，削除斑疤和损伤部分。然后切分成厚度为 0.3～0.5cm 的薄片。

(4) 硫处理　将切好的菊芋片，立即放入浓度为 0.2％的亚硫酸氢钠水溶液中，浸泡 4～6h，捞出，用清水冲洗干净，沥干水分。

（5）烫漂　经硫处理的菊芋片，在沸水中烫漂 3min 左右，待菊芋片呈半透明时，捞出，迅速用冷水冷却，并沥净水分。

（6）第一次糖煮、糖渍　以菊芋片质量 30% 的白砂糖，配制成浓度为 40% 的糖液，在锅中煮沸，倒入菊芋片煮制 6～8min，将菊芋连同糖液一起倒入缸中，糖渍 12h。

（7）第二次糖煮、糖渍　将糖渍的菊芋片捞出，沥净糖液。加白砂糖调配糖渍液浓度至 55%，并加入 0.2%～0.3% 的柠檬酸，煮沸后倒入经糖渍的菊芋片，继续煮制 8～10min，连同糖液一起移入缸中糖渍 12h 左右。

（8）第三次糖煮、糖渍　从缸中捞出经二次糖渍的菊芋片，沥净糖液。将糖渍液浓度调配至 65%，并适量加入少许蜂蜜，在锅中煮沸后，倒入菊芋片，用文火微沸煮制 15～20min，直至糖液浓度达 70% 时，将菊芋片连同糖液一起放入缸中糖渍 10～12h。

（9）上糖衣　将糖渍的菊芋片捞出，沥净糖液，放在现配制的过饱和糖浆中，不断翻拌，使菊芋片均匀包裹一层糖衣，摊开晾干。

（10）包装　剔除碎屑和杂物，用聚乙烯薄膜袋进行定量密封包装。

三、子姜蜜饯

1. 原料配方

生姜 150kg，白砂糖 90kg，石灰 4.5kg。

2. 工艺流程

选料→刨姜皮→刺孔→灰漂→水漂→烫漂→煨糖→收锅→起货→撒糖→包装→杀菌→成品

3. 操作要点

（1）选料　选择体形肥大、质嫩色白的子姜作坯料。以白露前挖的八成熟的姜最好。

（2）刨姜皮、刺孔　削去姜芽，刨净姜皮，用竹扦刺孔。孔要刺穿，均匀一致。

（3）灰漂　将坯料放入 5% 的石灰水中，用工具压住，以防止上浮，使姜坯浸灰均匀，浸泡时间需 12h。

（4）水漂　浸灰后用清水浸漂 4h，其间换水 3 次，至用手捏坯料带滑腻感时即可。

（5）烫漂　锅内水温达 80℃时，放姜坯入锅，煮沸 5～6min 后，放入清水中漂 4h，再煨糖。

（6）煨糖　将姜坯放入蜜缸，倒入少量的冷糖浆（38°Bé）浸渍 12h后，将坯料与糖浆（35°Bé）一起入锅，煮沸，至 103℃时舀入蜜缸，煨 48h。

（7）收锅　将姜坯与糖浆（35°Bé）一并入锅，待温度升至 107℃时，起入蜜缸，蜜制 48h 即可收锅。

（8）起货　先将新鲜精制糖浆煎至 110℃，放入蜜坯，用中火煮制约 30min。待温度升到 112℃时，即可起货，滤干，冷至 60℃左右。然后均匀地撒上白砂糖。

（9）包装　真空包装，杀菌后即为成品。

四、蜜饯藕片

1. 原料配方

藕片 50kg，白砂糖 35kg，水 70kg，糖粉 5kg。

2. 工艺流程

原料处理→酸漂→水漂→糖渍→上糖衣→包装→成品

3. 操作要点

（1）原料处理　选择肉质白嫩、根头粗壮的鲜藕为原料。用抹布、稻草等将鲜藕外表黏附的淤泥洗干净，切去藕节、烂藕。对那些被淤泥塞满孔洞的藕段，可用鹅毛管通洗干净。然后将干净的藕节放入冷水锅中加温煮沸至藕稍软后，用筷子轻轻刮得掉皮时即捞入冷水中浸泡。待藕冷却后，用竹签将藕皮刮净，再用刀切成厚 1cm 的藕片。

（2）酸漂、水漂　经过切分后的藕片，首先应经酸漂。具体做法是用淘米水或米汤浸泡藕片 6 天左右。利用酶和微生物，使藕中的一部分淀粉发生转化。浸泡时间可根据气温而定，夏天稍短，冬天稍长。藕片酸漂后进行清水漂洗，洗去藕片过多的酸味、异味及脏污。漂洗时间为 48h，每隔 8h 换水一次。

（3）糖渍　这是制作蜜饯最关键的一道工序。根据藕的特性，采取多次变温浸渍较为适宜。先将水漂后的藕片放入糖液缸中冷渍。将白砂糖和水放入锅内加热至沸，使其糖溶化即可。第二天将浸渍藕片和糖液单独从缸中转入双重锅内，加热，煮沸至 103℃时，停止升温，立即起锅倒入原来蜜渍藕片的缸中，进行第二次蜜渍藕片。待第 4 天时将藕片连同糖水一起下双重锅加热，待糖温达到 108℃时（大约需 30min），起锅，放入缸中静置 1 天。第 5 天再将藕片连同糖水一起倒入双重锅中加热，待糖温达 112℃时（约 30min），起锅。

（4）上糖衣　将蜜渍后的藕片起锅沥干糖液后，如果表面还不够干，可送入烤房干燥，烤房内的温度不能超过 60℃。干后在蜜藕片上裹一层白砂糖粉，再用筛子筛去过多的糖粉即为成品。

糖粉制作，将白砂糖加少许清水加热使糖充分溶化，倒入木槽中，冷却变干后再取出碾磨成粉。

（5）包装　用复合袋抽真空包装。

五、莴笋蜜饯

1. 原料配方

新鲜莴笋 30kg，白砂糖 25kg，糖粉 5kg，石灰 1.2kg，山梨酸钾 20g。

2. 工艺流程

挑选→处理→浸石灰→热烫→糖煮→糖渍→煮制→防腐→上糖衣→包装

3. 操作要点

（1）挑选、处理　选用成熟度适宜、不老不嫩的新鲜莴笋，削去莴笋外皮，修平整，切成长 4cm、宽 2cm 的长条形。

（2）浸石灰　将莴笋条放入 5% 的清石灰液中浸泡 12h，然后用清水冲洗几遍，冲掉残余的石灰。

（3）热烫　莴笋条放入热水锅中，煮沸 15min 后捞出，投入冷水中冷却。

（4）糖煮　将冷透的莴笋条和 70% 的白砂糖一同入锅。待糖溶化，煮沸，20min 后起锅。

（5）糖渍　将莴笋条和糖液一同入缸，浸渍 3 天，使莴笋条充分吸收糖液。

（6）煮制　将莴笋条和糖液重新放入锅中，并加入剩余的 30% 的白砂糖。先用大火再用中小火煮制，约煮 90min，煮到莴笋内外糖渗透时为止。

（7）防腐　向煮好的莴笋条中添加山梨酸钾防腐。

（8）上糖衣　沥去莴笋多余的糖液，放到糖粉中拌匀，筛去糖粉，放在案板上晾凉。

（9）包装　将莴笋条装入食品袋中，杀菌后即为成品。

六、蜜番茄

1. 原料配方

番茄 115kg，蔗糖 50kg，食盐 1.5kg，石灰 1.5kg。

2. 工艺流程

选料→清洗→去皮→制坯→盐渍→硬化→烫漂→糖渍→拌糖粉→包装→成品

3. 操作要点

（1）选料　应选新鲜或冷藏良好的番茄，色红、形态和风味均好，未受病虫危害，果肉硬度较强，果肉肥厚，籽少，汁液少，耐煮性强，成品率高。

（2）清洗　将番茄入清洗槽内，洗净表面的泥沙。

（3）去皮　将番茄倒入 95～98℃ 的热水中，烫 15～40s，烫至表皮易脱离为宜。然后立即捞入冷水中搓擦去皮。

（4）制坯　番茄去皮后，用专用针具在番茄外表均匀地进行刺孔，再用专用刀具沿番茄周身划 8～12 刀，制成果坯。

（5）盐渍　将果坯和食盐搅拌均匀，腌渍 1～2h 后，用手轻轻挤压，去除汁液及籽粒。

（6）硬化　将盐渍后的番茄坯放入石灰水中浸泡 6h 左右，待果坯颜色转黄，果肉略硬时即可捞出。

（7）烫漂　将番茄坯用清水洗净后，入沸水中煮 3～4min，之后放入清水缸内，浸泡 12h 左右，其间换水 3～4 次，以漂净石灰味。

（8）糖渍　先将番茄坯在 60% 的糖液中浸渍 24h，然后连糖液一同入锅煮 5min 左右，再入缸浸渍 24～36h。随后和糖液一起入锅煮沸 5min 左右，再入缸浸渍 24h。之后，将番茄坯连同糖液置于锅内，用中火煮制，并用木铲适当搅动，待糖液浓度达到 65%、番茄坯呈透明状时，即可端锅离火，连同糖液倒入缸中静置糖渍。待番茄汁糖渍 7 天后，用中火再熬煮 1h 左右，目视番茄坯进糖饱满透明时即可捞出，冷却。

（9）拌糖粉　把番茄坯放在平台上，均匀地撒上糖粉，并适当翻动，使糖粉黏附均匀，随后即可进行包装。

（10）成品　产品呈扁圆形，色泽红亮、晶莹，味纯甜而微酸，有浓郁的原果风味。

七、茄子蜜饯

1. 原料配方

茄子 5kg，红糖 3～3.5kg。

2. 工艺流程

选料→煮熟→糖蒸→曝晒→再蒸→再晒→包装→成品

3. 操作要点

（1）选料　选择中等大小、成熟偏老一点的茄子作原料。首先将茄子柄去掉，洗净，用竹签在茄子四周捅成梅花形 6 个洞。洞要一捅彻底，捅透气。再在茄子腰部四周，每隔 3cm 用竹签捅个洞，也要捅透气。

（2）煮熟　将茄子放在锅中煮熟。切勿煮烂，也不可偏生。茄子煮好后捞出放进清水池中浸泡 8～10h，将茄子里的苦水都泡出来。

（3）糖蒸　茄子泡好后用手将茄子挤成扁形，平放在盆子里。摆一层茄子，撒上一层糖，糖的用量按 500g 茄子、300～350g 糖的比例。然后，把盆子放到笼中蒸，要求盆里温度达到 100℃后，再持续蒸 10min，即可下笼。

（4）曝晒　将盆子放在阳光下曝晒 1 天。晒后按前法再蒸，蒸后再晒。如此连续 6～7 天，即可制成。

（5）包装　用塑料薄膜食品袋真空包装，杀菌后即为成品。

八、香菇蜜饯

1. 原料配方

香菇 100％，糖 40％（以香菇为基数），0.03％焦亚硫酸钠、柠檬酸适量、苯甲酸钠适量。

2. 工艺流程

选料→漂洗→烫煮→整形、冷浸糖→糖煮→烘干→包装→成品

3. 操作要点

（1）选料　可选用香菇柄（香菇销售中剪下的副产品）或香菇子实体。选用香菇柄作原料，要求菇柄长短较一致，粗细较均匀，不带杂质，没有病虫害；要求作原料的子实体无病虫害，不散发孢子，菇形大小均匀，肉厚，柄长 1cm 左右。因为菇柄价格便宜，故目前多以菇柄作原料。

（2）漂洗　将选用的香菇子实体或香菇柄，经修剪基部老化部分后放入漂洗液中漂洗，去除污物杂质，漂洗菇柄用清水即可。若漂洗香菇子实体，应在水中加入 0.03％焦亚硫酸钠，可抑制菇体的氧化酶活性，保护菇体色泽。

（3）烫煮　菇柄或子实体经过漂洗护色，取出沥水后，投入 90～100℃热水中，搅动烫煮 7min 左右，以增加弹性，除去异味。煮熟后捞出，挤压水分，使菇柄内含水量低于 65％左右。

（4）整形、冷浸糖　将压去水分的香菇柄进行整形，切成长 2cm、粗 0.5cm 左右的长条，然后将其浸在 40％浓度的糖液中，室温浸泡 6h 左右，使糖分能进入菇体内。

（5）糖煮　首先配制煮糖液，配法是在 65％糖汁中加入柠檬酸和苯甲酸钠，其添加量分别为 1％和 0.05％。将糖液煮开，然后倒入冷糖液中浸泡过的香菇柄，大火煮开后改用文火熬制。菇柄与糖液的质量比为 1∶1。

在熬煮期间，要用非铁制工具不断搅动，经常用测糖计测量糖浓度，切忌熬煳。糖液浓度随熬煮时间延长不断增高。当增加到68%～70%时，可停止熬煮。

（6）烘干　糖煮熬制结束后，将香菇柄或菇条捞出，沥去多余的糖液，然后将其摊放在烘盘中，要求厚薄均匀，放入烘房或烘箱内，在60℃温度下烘烤4h左右（烘房或烘箱内最好有通风设备，这样可加快烘烤速度）。在烘烤期间，要求能翻动2～3次，可使烘烤均匀。当用手捏香菇柄无糖液挤出、基本不黏糊时即可取出晾凉。

（7）包装　晾凉后及时用真空包装，杀菌后即为成品。

九、蜜饯平菇

1. 原辅料

平菇100kg，蔗糖75kg，氯化钙0.4～0.5kg，柠檬酸和焦亚硫酸钠适量。

2. 工艺流程

原料选择→烫漂→硬化→回烫→糖渍→烘制→包装

3. 操作要点

（1）原料选择　采收组织充实饱满未开伞的平菇，采收后立即放入0.1%的焦亚硫酸钠溶液中，最好将菌盖和菌柄分割后处理。

（2）烫漂　将平菇捞出，用清水冲洗干净，放入温水中烫漂5min。

（3）硬化　将烫漂后的平菇直接倒入0.4%～0.5%的氯化钙溶液中浸泡10h，然后用清水漂洗至无涩味。

（4）回烫　将硬化后的平菇放入80%左右的热水中，再烫5min左右。

（5）糖渍　将平菇放入40%的蔗糖溶液中浸渍5h左右，捞出后再放入70%的蔗糖溶液中，同时加入糖液质量0.5%的柠檬酸，加热至沸，文火煮1h，并不断搅拌，当糖液浓度达72%时即可捞出，沥干糖液。

（6）烘制、包装　将沥干糖液的平菇送入烘房，在55℃下烘烤4～8h，至不粘手为止，随后即可进行包装。

十、辣椒蜜饯

1. 原料配方

鲜辣椒 70kg，白砂糖 50kg，石灰水适量。

2. 工艺流程

选料→制坯→撩坯→糖渍→煮制→上糖衣→包装→成品

3. 操作要点

（1）选料　选用柄蒂完好、色泽鲜红、肉质坚硬、无虫眼、大小一致的灯笼椒或牛角形大辣椒作原料。

（2）制坯　将选好的辣椒用清水洗净，用小刀顺椒体划一道 3cm 长的小口，将籽取净，蒂把保持完好。随即将其浸入 4％的石灰水缸中，并用篾席覆盖水面，上压重物，浸泡 4h 左右。待辣椒剖面略呈黄色，手捏略有硬度时将其捞起，倒入清水中清漂。清漂时每隔 1h 换水 1 次，时间为 8h 左右，直至灰渍漂净为止。

（3）撩坯　将辣椒坯倒入沸水锅内，待水再沸时捞起，再置于清水缸内浸漂，每隔 1h 换水 1 次，连续进行 3～4 次即成。

（4）糖渍　糖渍分为 3 次。第 1 次，将白砂糖、清水入锅加热溶化，配成浓度为 40％的糖液，待冷却后入缸，并将辣椒坯浸泡在糖液中，浸泡 24h 后捞起。第 2 次，将糖液加热至沸，将辣椒坯浸入（糖液不足时可按 40％浓度添加），仍浸泡 24h。第 3 次，按上法再浸泡 1 次，待辣椒吸糖充足、形体饱满即可。

（5）煮制　将糖渍后的椒坯连同糖液一起倒入锅内，加热煮制 30min，待糖液浓缩至浓度为 50％左右时，即连同糖液起锅入缸，静置蜜渍 24h 左右。然后连同糖液入锅煮制，待糖液浓缩到 60％时起锅入缸继续静置蜜渍。7 天后，再加入浓度为 35％的糖液，用中火煮制，待糖液浓度达 70％左右时起锅，沥去全部糖液备用。

（6）上糖衣　将糖煮制后的椒坯冷至不烫手时上糖衣。按每 70kg 鲜辣椒配白砂糖 50kg 的比例配料上糖衣。其方法是将椒坯摊于竹席上，厚度 10～15cm，向坯上撒一层白砂糖，其上再放一层椒坯，再撒一层糖，如此制作完毕。要求糖衣均匀，切口处有糖粒。

（7）包装　用食品塑料袋将上过糖衣的辣椒称量密封包装，再用硬纸箱成箱包装。

十一、天冬蜜饯

1. 原料配方

鲜天冬 75kg，白砂糖 45kg，石灰 1.5kg。

2. 工艺流程

选料→撩坯→去皮→水漂→灰漂→再水漂→再撩坯→煨糖→收锅→起货→粉糖→包装→成品

3. 操作要点

（1）选料　选用 2 年左右生，根条光整，组织丰满的天冬为坯料。

（2）撩坯、去皮、水漂　将坯料放入开水锅中撩煮至能撕去表皮时滤起，放入冷水缸内。冷却后撕净表皮，置于清水池中浸漂 12h，其间换水 2 次。

（3）灰漂　将天冬坯放入石灰水中浸漂 12h，石灰用量为每 50kg 天冬坯需石灰 1.5kg。

（4）再水漂　将灰漂后的天冬坯放在清水中浸漂 48h，其间每隔 2h 换水 1 次，务必将灰水漂净。

（5）再撩坯　水漂后要再次撩煮。天冬坯入开水锅中煮至软熟的程度，捞出，放在清水池中回漂 6h 左右。其间换水 1 次，然后煨糖。

（6）煨糖　将天冬坯放入蜜渍缸内，倒入冷糖液（35°Bé），浸渍 24h。然后将坯料捞出，糖液入锅熬至 104℃ 时，再舀入盛坯料的蜜缸内回煨 48h，再将糖液熬至 104℃ 后，再回煨 48h，然后收锅。

（7）收锅　将糖液（35°Bé）入锅熬至 112℃ 时，放入蜜坯。待蜜坯吃透糖液，略显透明，糖液温度达 115℃ 左右时，起入粉盆，冷却至 50～60℃，粉糖即成。

（8）包装　真空包装，杀菌后即为成品。

十二、蜜饯银耳

1. 原料配方

银耳 1kg，白砂糖 3kg，柠檬酸 3g，琼脂或卡拉胶 2g。

2. 工艺流程

清洗→泡发→晾干→糖煮→糖渍→晾干→成品

3. 操作要点

（1）泡发　选择优质银耳，放入温水中浸泡 1h，使银耳充分吸水涨发。然后用手将耳片撕开，晾半小时左右。

（2）糖煮　将晾至稍干的银耳片和白砂糖一同入锅，用文火加热，待糖溶化，再加入柠檬酸和琼脂，待糖液达 109℃时离火。

（3）糖渍　将银耳和糖液一同移入缸中，糖渍 4h 左右，捞出银耳晾干即可。

十三、木耳蜜饯

1. 原料配方

黑木耳 10kg，白砂糖 7kg，柠檬酸适量。

2. 工艺流程

原料处理→糖渍→糖煮→上糖衣→烘制→包装→成品

3. 操作要点

（1）选料　选择优质干黑木耳，剔除杂质。

（2）浸泡　用清水浸泡 2～4h，泡开为止，并洗净泥沙、污物。

（3）切分　将泡开的木耳用剪刀剪去蒂部，大朵的则剪成 4cm 见方的块。

（4）糖渍、糖煮　将木耳放入浓度为 50% 的糖液中，煮沸 10～15min

后，离火浸渍木耳 5～10h。再将木耳捞出，余下糖液上火加热，同时加糖，使糖液浓度达 60%，并放入糖液质量的 0.3% 的柠檬酸。以大火煮沸，又加入木耳，不断搅拌，使糖液浓缩至 65%～70%。再煮 1h，然后捞出木耳，沥干糖液。

（5）上糖衣　将木耳冷却到 50～60℃时，与经 80～100 目筛出的白砂糖粉混合，拌均匀即可。

十四、冬瓜蜜饯

1. 原料配方

鲜冬瓜 75kg，白砂糖 50kg，生石灰约 5kg。

2. 工艺流程

选料→制坯→灰漂→水漂→撩坯→浸糖→收锅→起锅→包装→成品

3. 操作要点

（1）选料　选用体大、组织丰满、皮薄肉厚、瓜皮呈灰白色的鲜冬瓜作坯料。

（2）制坯　将鲜冬瓜刨净瓜皮，破瓜挖心后切成（或戳成）瓜条或瓜片，也可用花刀戳成梅花形、蝴蝶形等各种形状。

（3）灰漂　先将石灰溶于清水，再将瓜坯放入石灰水中（每 50kg 瓜坯需用生石灰 5kg）浸泡 24h。

（4）水漂　将瓜坯入清水漂泡，清漂 3～4 天，其间每天换水 2～3 次。至水色转清，水味不含石灰涩味，手摸有滑腻感即可。

（5）撩坯　瓜坯在沸水中撩煮 10min 左右。待瓜坯流水时，即可捞入清水池再清漂，约需 48h，其间换水 4～5 次，然后浸糖。

（6）浸糖　将白砂糖配成浓度为 40% 的糖液入缸，再将瓜坯浸入糖液，约浸 24h 即可煮制。

（7）收锅　先舀少量糖液下锅，再将浸过糖的瓜坯连同糖液舀入锅内煮制。糖液因水分蒸发而减少时，应及时添加，以浸到上层瓜坯为宜。煮制时间约需 15h，先用大火，1h 后改用中火。待糖液浓度达到 65% 以上，瓜坯剖面色泽一致，无花斑时，即可起锅静置。

（8）起锅　煮制后的瓜坯需静置 7 天左右（静置时间可因需要延长，直至次年），然后将瓜坯连同糖液共同舀入锅内，用中火煮制 1h 左右，糖液减少时应及时添加。煮制过程中应用木铲炒动。待糖液浓度达到 68％左右时即可起锅。稍冷后可上糖衣。冷却后即为成品。

（9）包装　真空包装，杀菌后即为成品。

十五、蜜饯南瓜

1. 原料配方

以南瓜 100％计：白砂糖 80％，山梨酸钾 0.05％，柠檬酸 0.1％～0.2％。0.1％氯化钙溶液适量。

2. 工艺流程

选料→去皮→切片→硬化→配料→透糖→烘制→包装→成品

3. 操作要点

（1）选料　选择充分成熟南瓜，其皮部较厚，表面蜡质也厚，肉质含水分较少，能减少加工工艺难度。

（2）去皮、切片　把南瓜剖开，去籽去皮，一般用人工去皮法，然后切分，可切成粒状，如 1.5cm×1.5cm×1.5cm 正方粒以及 1.5cm×1.5cm×2.5cm 长方粒；也可切成条状。

（3）硬化　用 0.1％氯化钙溶液浸 8h 后备用。

（4）配料　将白砂糖配制成 40％糖液，加入柠檬酸、山梨酸钾。把糖液煮沸，南瓜粒浸于糖液中。

（5）透糖　采用多次透糖法，是根据原料质地情况而定的，糖液每隔一天加热浓缩提高糖度 5％左右，然后再把瓜粒倒入糖液中浸泡，这样反复操作，直到糖液浓度提高到 60％以上再浸泡 1～2 天，可看到瓜粒呈透明状态，说明透糖已基本结束。

（6）烘制　把南瓜从浓糖液中捞起，摊于烘盘中在 60～65℃下干燥至产品最终含水量为 24％～25％。

（7）包装　用玻璃纸粒状包装，微波消毒，再大包装后为成品。

十六、南瓜花蜜饯

1. 原料配方

　　　　鲜南瓜花 10kg，白砂糖 20kg，石灰 2.5kg。

2. 工艺流程

　　　　选料→制坯→灰浸→水漂→烫漂→糖渍→糖煮→上糖衣→包装→成品

3. 操作要点

　　（1）选料　选将绽开的南瓜花苞。

　　（2）制坯　留约 2cm 长的花蒂。

　　（3）灰浸、水漂　将坯放入水与石灰质量比为 10∶1 的石灰水中，浸泡 16h 后，放入清水中漂洗 3 次，每次 30min。

　　（4）烫漂　将坯放入 80℃ 的水中烫 1min 后，放入清水中漂洗 3 次，每次 1h。

　　（5）糖渍　将坯放入缸中，注入冷糖液，以坯稍活动为宜，3h 将坯翻动 1 次。糖渍 16h。

　　（6）糖煮　将糖液舀入锅中，待糖温达到 108℃，将坯放入锅中煮 10min，起锅蜜制为半成品。

　　（7）上糖衣　将糖液舀入锅中，待糖温达到 112℃，将坯放入锅中煮 10min，起锅滤干糖液晾冷至 60℃，即可上糖衣为成品。

　　（8）包装　用食品塑料袋分装，杀菌后即成。

十七、苦瓜脯蜜饯

1. 原料配方

　　　　鲜苦瓜 10kg，白砂糖 10kg，明矾 0.35kg。

2. 工艺流程

　　　　选料→制坯→矾浸→水漂→烫漂→糖渍→糖煮→上糖衣→包装→成品

3. 操作要点

（1）选料　选白亮、个体均匀的苦瓜。

（2）制坯　用细竹签均匀地扎眼，切成厚 1.5cm 的圆，去心、籽。

（3）矾浸、水漂　将坯放入 0.35％的明矾水溶液浸泡 7 天，每天上下翻动 1 次，然后放入清水中漂洗 4 次，每次 2h。

（4）烫漂　将坯放入 100℃的水中烫 40min，然后放入清水中，漂洗 2 次，每次 4h，再次放入 100℃的水中烫 20min，然后再放入清水中漂洗 3 次，每次 2h。

（5）糖渍　将坯放入缸中，注入冷糖液，以坯稍活动为宜，3h 后翻动 1 次，蜜制 16h。

（6）糖煮　将坯同糖液舀入锅中，使糖温度达到 105℃，约煮 10min，起锅蜜制为半成品。

（7）上糖衣　将坯和糖液舀入锅中，使糖温达到 112℃，约煮 10min，起锅滤干晾冷到 60℃，即可上糖衣为成品。

（8）包装　用食品塑料袋分装，杀菌后即成。

十八、苦瓜蜜饯

1. 原料配方

鲜苦瓜 50kg，蔗糖 25kg，食盐、氢氧化钠和亚硫酸氢钠适量。

2. 工艺流程

原料选择→清洗→去皮→去籽→切块→脱苦→漂洗→糖渍→包装

3. 操作要点

（1）原料选择　选择个大、肉厚、表皮青绿色，无病虫害、无机械损伤、无腐烂的新鲜苦瓜为原料，成熟度以八成熟为宜，过生则涩味重，过熟则煮制时易软烂。

（2）清洗、去皮　用流动清水洗净苦瓜表面的泥沙、尘埃及农药残留物后，投入 0.03％的热碱溶液中处理 2～3min，其间不断搅拌，然后在清水中反复漂洗以洗净碱液，并轻轻搓去残留的苦瓜皮。

（3）去籽、切块　先将苦瓜头尾切去少许，再纵切成两半，挖除全部瓜瓤和籽。然后切成 $1cm×1cm×1cm$ 的方块或 $3cm×1cm×1cm$ 的短条。

（4）脱苦　将苦瓜块（条）放到 5% 左右的食盐水中，加入适量亚硫酸氢钠浸泡一周，以除去苦瓜的苦味。

（5）漂洗　将脱苦后的苦瓜块（条）用清水浸泡 3～4d，其间每天换水 4～5 次。

（6）糖渍　先取 15kg 蔗糖加少量水于缸中溶解，将苦瓜块（条）放入其中糖渍 12h；再加入 5kg 蔗糖继续糖渍 12h，之后将剩余的 5kg 蔗糖全部加入，再糖渍 24～36h，且整个糖渍过程中要勤翻动，待苦瓜块（条）呈半透明状时即可停止糖渍。然后将苦瓜块（条）和糖液一起移至锅中进行煮制，直至糖液浓度达到 60% 即可停止加热，捞出苦瓜块（条），沥干糖液。

（7）包装　将苦瓜块（条）沥干糖液后，稍微冷却，即可进行包装。

十九、麻辣金针菇

1. 原料配方

新鲜金针菇 1000g，食盐 30g，味精 10g，白砂糖 15g，辣椒粉 30g，花椒粉 10g，色拉油 50g。

2. 工艺流程

原料选择→清洗→硬化→杀青→漂洗→脱水→干燥→拌料→封袋→杀菌→冷却→成品

3. 操作要点

（1）原料选择、清洗　选择新鲜无腐烂的金针菇，用剪刀剪去菌根，择去颜色深的菌柄，在清水中漂洗干净，控干水分备用。

（2）硬化　将金针菇于 0.5% 氯化钙和 1.0% 氯化钠的混合溶液中浸泡 30min，控干水分。

（3）杀青　在 0.07% 的抗坏血酸溶液中加入 0.3% 柠檬酸煮沸，放入硬化金针菇煮 3min。

（4）漂洗　将杀青金针菇立即捞出于冷水中漂洗，并于流水中冲洗 10min。

（5）脱水　将漂洗后的金针菇在 3000r/min 的转速下离心 15min。

（6）干燥　将脱水后的金针菇放入 50℃ 热风循环干燥柜中干燥 100min。

（7）拌料　按 100g 金针菇加入 3.0g 食盐，1.0g 味精，1.5g 白砂糖，3g 辣椒粉，1g 花椒粉，5g 油的比例进行拌料。

（8）封袋　放入塑料薄膜食品袋中真空封口。

（9）杀菌　115℃杀菌 10min。

二十、麻辣海带丝

1. 原料配方

海带 100kg；食盐 5kg；白砂糖 8kg；味精 0.2kg；I＋G 0.01kg；混合香辛料包（八角、茴香、花椒、肉桂、草果、丁香等颗粒）5kg；辣椒片 3kg；胡椒粉 0.2kg；五香粉 0.3kg；芝麻油 1kg；麻辣油 4kg；白醋 1kg；猪肉香精 0.1kg。

2. 工艺流程

干海带浸泡→预处理→漂洗→煮制→脱水→切丝→拌料→包装→杀菌

3. 操作要点

（1）干海带浸泡　将干海带放入温水中浸泡 1h 以上备用。

（2）预处理　将浸泡好的海带捞出用清水冲洗干净，剔除破碎、损坏、不适合加工的海带及杂藻，切除海带的根部、柄部备用。

（3）煮制　在夹层锅中加入定量的清水和混合香辛料包后开大气阀煮沸，然后小火微沸两个小时，加入食盐、白砂糖、味精、I＋G 等调料，将清洗好的海带倒入锅内煮制入味，先使锅内的料汤大沸 15 分钟，其间搅动几次，并撇出表面的浮沫，然后关小气阀焖煮 30 分钟，并进行搅拌，待海带充分煮制入味后捞出。

（4）脱水　煮制好的海带在干燥通风处控水晾晒，也可以用烘干房烘烤，使海带的表面干燥无水分即可。

（5）切丝　将晾晒好的海带切成丝状，注意控制好海带丝的长度和宽度。

（6）拌料　切好的海带丝放入搅拌机中，按一定比例加入麻辣油、芝麻油、辣椒片、胡椒粉、白醋、猪肉香精等搅拌均匀。其中辣椒片要用热油油炸一下后加入。

（7）包装、杀菌　用塑料薄膜食品袋真空包装，115℃杀菌10min。

二十一、魔芋爽

1. 原料配方

新鲜魔芋5kg，花椒油0.2kg，麻椒粉0.1kg，辣椒粉0.2kg，熟芝麻0.1kg，白砂糖0.1kg，食盐少许。

2. 工艺流程

原料处理→冷却→切片→蒸煮→漂洗→脱水→拌料→包装→杀菌

3. 操作要点

（1）原料处理　将新鲜的魔芋用清水清洗干净，去掉根须和外皮，浸泡一小时后切成大小均匀的厚片备用。将100g食用碱用热水冲开，加入魔芋厚片中打碎至糊状。

（2）冷却　将魔芋泥在常温下冷却3h至凝固。

（3）切片　用刀将凝固好的魔芋切成大小均匀的条状。

（4）蒸煮　将切好的魔芋条放入开水中煮1h左右去除碱味。

（5）漂洗　将煮好的魔芋条放入冷水中浸泡30分钟左右，再反复清洗几遍。

（6）脱水　将漂洗好的魔芋条在干燥通风处控水晾晒，也可以用烘干房烘烤，使魔芋条的表面干燥无水分即可。

（7）拌料　将魔芋条放入搅拌机中，按一定比例加入麻椒粉、辣椒粉、熟芝麻、花椒油、白砂糖、食盐等搅拌均匀。

（8）包装、杀菌　用塑料薄膜食品袋真空包装，115℃杀菌10min。

二十二、麻辣竹笋

1. 原料配方

新鲜竹笋100kg，食盐5kg，白砂糖8kg，辣椒片3kg，胡椒粉0.2kg，五香粉 0.3kg，芝麻油 1kg，麻辣油 4kg，白醋 1kg，猪肉香精 0.1kg。

2. 工艺流程

鲜笋→剥壳→分切→预煮→漂洗→拌料→包装→杀菌

3. 操作要点

（1）分切　将剥好壳的竹笋按部位分切成大小相同的笋条。

（2）预煮　将切好的竹笋放入锅中，按竹笋量，加 2 倍水，煮沸 15min。

（3）漂洗　在预煮好的竹笋中加入 2～3 倍的清水进行漂洗直至漂洗液无色无味。

（4）拌料　将漂洗好的竹笋条放入搅拌机中，按一定比例加入麻辣油、芝麻油、辣椒片、胡椒粉、白醋、猪肉香精等搅拌均匀。其中辣椒片要用热油油炸一下后加入。

（5）包装、杀菌　用塑料薄膜食品袋真空包装，70℃巴氏杀菌 30min。

第三节　豆类休闲食品

一、怪味蚕豆

（一）方法一

1. 原料配方

蚕豆 1500g，白砂糖 75g，饴糖 17.5g，熟芝麻 5g，辣椒 0.75g，花椒粉 0.75g，五香粉 0.2g，甜酱 10g，味精 0.5g，食盐 0.2g，白矾 1.75g，植物油 50g。

2. 工艺流程

原辅料处理→油炸→调味→包糖衣→冷却→包装

3. 操作要点

（1）原辅料处理　选择籽粒完好、无霉变、无虫蛀的蚕豆，清理除杂后，淘洗干净，用清水浸泡 30h 左右，取出后剥去外壳，然后放入白矾水中浸泡 3～10h，取出漂洗干净，沥干水分，备用。白砂糖、饴糖加 100g 水溶化后，过滤，备用。

（2）油炸　将植物油放锅内，用旺火加热至沸，然后将处理好的蚕豆分批放入油炸，炸至蚕豆酥脆时即可捞出。

（3）调味　将植物油先放入锅内加热，待油热后，放入甜酱、五香粉、味精、食盐等拌均匀，再将炸好的蚕豆倒入酱料中，搅拌上味。

（4）包糖衣　另取一干净的锅，将溶化好的糖液倒入，加火熬至 115℃后，将糖水慢慢地浇拌在拌好调味料的蚕豆上，边浇边翻动使蚕豆外层均匀地粘上糖衣。

（5）冷却、包装　上好糖衣的蚕豆，自然冷却至室温，立即包装。

（二）方法二

1. 原料配方

蚕豆 30kg，红糖 15kg，麦芽糖 3kg，面粉 3kg，鲜辣粉、胡椒粉、味精各适量。

2. 工艺流程

原辅料处理→油炸→炒面粉→熬糖浆→炒拌→拌和→冷却→包装

3. 操作要点

（1）油炸　将油入锅烧沸，然后将盛有蚕豆的铁丝篮放到油锅里炸。刚入锅时，豆粒下沉，随着豆粒被油炸熟，体积缩小，开始上浮。等到豆粒都浮在油上面，豆瓣呈奶油色时，把铁丝篮提出油面，上下抛几下。

（2）炒面粉　将锅洗净抹干，倒入面粉，以缓火炒，不停地翻动，直至面粉由白色变成微黄色，并散发出一股香味时为止。取出冷却，放入干净的容器中备用。

（3）熬糖浆　把红糖倒入锅里，加入适量水（以水面略高于糖面为宜）。然后以缓火进行熬制，直熬至锅里糖粒溶化，水分基本蒸发，糖浆变稠时为止。

（4）炒拌　把麦芽糖倒入锅里，以缓火烧热。然后把蚕豆倒入，边倒边炒拌，使每粒蚕豆上都沾有麦芽糖，以增加黏着力。

（5）拌和　把蚕豆、面粉以及鲜辣粉、胡椒粉、味精等倒入糖浆锅里，边倒边用铲充分炒拌，直至糖浆起沙硬结，便成为怪味豆。取出冷却后，即可装入食品箱、食品袋或坛罐等容器中贮藏。

4. 注意事项

（1）成品规格要求　豆粒松脆，具有香、甜、鲜、辣等多种味道。

（2）辅料添加　鲜辣粉、胡椒粉等用量，因食用习惯而有所不同。喜甜不喜辣，增加糖的用量；喜辣不喜甜，增加鲜辣粉和胡椒粉的用量。

二、兰花豆

1. 原料配方

蚕豆 10kg，辣椒 160g，食盐 500g，花椒粉 100g，五香粉 100g，糖精 1.5g，清水 10kg，花生油适量。

2. 工艺流程

原料处理→浸泡→油炸→调味→冷却→包装

3. 操作要点

（1）原料处理　选择籽粒完好、无霉变、无虫蛀的蚕豆，除杂后淘洗干净，放入桶中。

（2）浸泡　将清水烧沸，加入 100g 食盐和 1.5g 糖精，搅匀，倒入装有蚕豆的桶中，加盖浸泡 1 天后取出。用刀将每颗蚕豆的端头纵横各划 1 刀，呈十字形，然后把蚕豆晾干。

（3）油炸　将油加热至沸，然后将处理好的蚕豆倒入烧沸的油锅中，用旺火油炸蚕豆，至蚕豆表面开花、豆壳呈紫色时迅速捞出，滤去油，准备调味。分批放入油炸，炸至蚕豆酥脆时取出。

（4）调味　将辣椒去蒂，切成细末，与食盐、五香粉拌匀，入锅，用温火炒片刻起锅。将食盐、五香粉、辣椒、花椒粉拌入油炸的蚕豆中，搅拌均匀，冷却即为成品。

三、酥蚕豆

1. 原料配方

蚕豆 750g，面粉 200g，明矾 10g，食盐、五香粉、芝麻油各适量。

2. 工艺流程

原料处理→浸泡→调味→油炸→成品

3. 操作要点

（1）浸泡　将蚕豆洗净放入盆内，加明矾和清水浸泡 12h 左右。涨发后，去皮掰成两瓣。

（2）调味　将发好的蚕豆放入盆内，加面粉、五香粉、食盐和清水200mL，反复搅拌均匀，使每只豆瓣都涂上稠的面粉浆。

（3）油炸　锅置中火上，倒入芝麻油烧至六成热。将粘有面粉浆的豆瓣舀入中间凸起、周围凹下的铁勺内，铺匀拍平，下锅炸。待蚕豆炸至快离勺时，翻入锅内取出铁勺，继续炸至漂浮不翻花时，出锅控净油即成。

四、椒香蚕豆

1. 原料配方

蚕豆 10kg，食盐 500g，花椒粉 100g，五香粉 100g，糖精 10g，清水 6L，花生油适量。

2. 工艺流程

蚕豆→配料→浸泡→沥干→拌料炒制→油炸→调味→成品

3. 操作要点

（1）配料　将水烧沸，加入 100g 左右的食盐和 10g 糖精，并搅拌均匀。

（2）浸泡　把上述汤水冲入装有蚕豆的桶中，加盖浸泡 1 天。

（3）沥干　取出沥干，并用刀尖将每粒蚕豆的端头纵横各划一刀（呈"十"字形），接着把蚕豆晾干待用。

（4）拌料炒制　将食盐、花椒粉、五香粉拌在一起，入锅用文火稍炒一下即起锅。

（5）油炸　在锅中注入花生油，待油烧沸时倒入蚕豆，并用旺火油炸。炸至豆面开花、豆壳呈紫色时迅速取出。

（6）调味　沥去余油，拌入精盐、花椒粉、五香粉等，并调匀，冷却后即为成品。

五、油炸蚕豆

1. 原料配方

蚕豆适量，油适量。

2. 工艺流程

原料选择及处理→浸泡→切割脱皮→离心脱水→油炸→离心脱油→调味→包装→成品

3. 操作要点

（1）原料选择及处理　选择籽粒丰满、形状大小均匀的无霉变蚕豆，去除杂质、小粒和并肩粒，除去泥灰和淘去瘪粒，并清洗干净后按大小分级。

（2）浸泡　将预处理后的蚕豆在室温下浸泡 30h 左右，以蚕豆即将发芽、易剥皮时为宜。

（3）切割脱皮、离心脱水　将浸泡好的蚕豆捞出后，沿轴向切口。油炸后即成兰花豆。也可用双辊胶筒脱皮机脱皮，分离皮壳后的豆瓣入水浸洗。经以上工序处理后的蚕豆瓣用离心机脱水。

（4）油炸　将脱水处理后的蚕豆瓣用饱和度较高的精炼植物油或氢化油在 $180\sim190℃$ 下，油炸 $6\sim8min$（实际生产中，油炸时间与批量、油温等参数有关），以成品酥脆为宜。

（5）离心脱油、调味、包装　用离心机脱去油炸后的蚕豆瓣表面的附油，根据需要，加粉末调味料，拌匀。得到的成品冷却至室温时，称重包装。

（6）成品　成品质量指标为水分 4.8%、粗蛋白质 29%、粗脂肪 14.1%。

六、膨化蚕豆条

1. 原料配方

蚕豆 1000g，糖精 0.8g。

2. 工艺流程

原料选择→称量、调理→挤压膨化→切割→烘干→冷却→称量→包装

3. 操作要点

（1）原料选择　选择符合国家标准，籽粒丰满、形状大小均匀、无霉变蚕豆。经清理去杂后，再按粒度大小大概分级，以利于后续工序进行。

（2）称量、调理　将蚕豆、糖精分别按配方比例称出，并用适量水（水量为蚕豆的 10%～15%）将糖精溶化后喷洒在蚕豆上拌均匀，放置几分钟，备用。

（3）挤压膨化、切割　将调理好的蚕豆放入膨化机进口里，进料速度按原料大小分级不同而不同，颗粒大的，进料速度尽可能要慢些，颗粒小的，进料速度要适当快些。

（4）烘干　经膨化切割后的膨化制品，稍微烘干一下，使其水分为 3%～5%。

（5）冷却、称量、包装　烘干后冷却到室温立即称量包装，用聚丙烯塑料袋充氮包装。

七、五香蚕豆条

1. 原料配方

蚕豆 5000g，食盐 400g，糖精 3g，五香粉 50g。

2. 工艺流程

　　原辅料处理→称量、调理→挤压膨化、切割→烘干→调味→冷却→包装

3. 操作要点

　　（1）原辅料处理　蚕豆清洗除杂，并分级；食盐、糖精分别用少量水溶解后，过滤备用。

　　（2）称量、调理　按配方比例分别称出原、辅料后，给蚕豆喷洒其质量15%的水，放置一会儿。

　　（3）挤压膨化、切割　调理好的蚕豆按分级不同控制进料速度，放入膨化机进口，并在膨化机出口处切割。

　　（4）烘干　经切割的蚕豆条稍加烘干。

　　（5）调味　将五香粉与蚕豆混合均匀。

　　（6）冷却、包装　经烘干并调味的制品冷却后立即用聚酯复合膜袋充氮包装。

八、油炸豌豆

1. 原料配方

　　豌豆5000g，食盐400g，味精1.5g，胡椒粉2.5g。

2. 工艺流程

　　原料选择→浸泡→脱水→油炸→脱油→调味→冷却、包装→成品

3. 操作要点

　　（1）原料选择　选用籽粒饱满、大小均匀且无霉损的豌豆，清除杂质，清洗干净。

　　（2）浸泡　将处理好的豌豆在室温下用清水浸泡5h左右，以豆粒充分吸水膨胀为宜。

　　（3）油炸　将泡好的豌豆沥干脱水后，放入油锅内炸10min，以豌豆粒裂开为宜。

　　（4）脱油　将用油炸好的豌豆粒离心脱油，除去表面及裂口内的油。

（5）调味　按配方比例将食油、味精、胡椒粉混合均匀，撒在豆粒上，搅拌均匀。

（6）冷却、包装　将调好味的豌豆自然冷却至室温，再用塑料复合膜包装。

九、糖酥豌豆

1. 原料配方

豌豆 2kg，油 2kg，鸡蛋 8 个，干淀粉 1kg，白砂糖 1.5kg。

2. 工艺流程

豌豆除杂→浸泡→裹糊→油炸→蘸糖→冷却→包装

3. 操作要点

（1）豌豆除杂　将豌豆剔除杂质，清洗干净后加清水泡胀，再控干水分。

（2）裹糊　打入鸡蛋后，加干淀粉，放入黄豆用手揉搓拌匀，以使豌豆均匀地裹上一层淀粉。

（3）油炸　将裹糊的豌豆倒进八成热的油锅内，炸至金黄色时，捞出、沥去油。

（4）蘸糖　将炒锅烧热，加清水 400g，水开后下白砂糖，将糖炒至色变黄时，迅速倒入炸豌豆并搅拌均匀。

（5）冷却、包装　将豌豆倒在案板上，摊匀，冷却后包装即为成品。

十、怪味豌豆

1. 原料配方

豌豆 10kg，白砂糖 3kg，食盐 1kg，花椒面 0.5kg，食醋 2kg，辣椒面 0.3kg，八角 40g，生姜面 0.1kg。

2. 工艺流程

豌豆除杂→浸泡→沥干→煮制、沥干→炸制→熬糖→挂糖→拌料→冷却、包装→成品

3. 操作要点

（1）豌豆除杂　将豌豆清洗干净，除去杂质，然后置于清水中浸泡10h左右，捞出后沥干水分备用。

（2）煮制　先将八角、花椒入清水锅中加热煮沸，随即加入食盐及豌豆，大火煮开，煮至豌豆熟后，即可捞出，沥干水分。

（3）炸制　将食用油放入另一油锅中，烧热后把煮熟的豌豆放进油锅中炸制，待豌豆炸至稍脆时即可出锅备用。

（4）熬糖　白砂糖加适量水，置于锅内加热溶化，然后用温火熬制，用木铲不断搅拌，熬至糖液起丝时，即可端锅离火。

（5）挂糖、拌料　将炸好的豌豆迅速倒在糖锅内，搅拌均匀，使糖黏附在豌豆上，随后再将食醋、辣椒面、生姜面等辅料倒入，混合均匀。

（6）冷却、包装　拌好的怪味豌豆出锅后，冷却包装即为成品。

十一、香酥豌豆

1. 原料配方

豌豆 5kg，食用油 10kg，各种调味料适量。

2. 工艺流程

豌豆粒→选料→浸泡→漂洗→蒸煮→沥干→油炸→脱油→检验→包装→成品

3. 操作要点

（1）选料　选择籽粒饱满、无虫害、无霉变的豌豆，去除杂质。

（2）浸泡　采用 0.2% 的亚硫酸氢钠溶液浸泡，水面高于豌豆粒 3cm，浸泡时间为 10h。

（3）漂洗　用纯净水反复冲洗，直到 pH 值为 7 左右。

（4）蒸煮　使用高压灭菌锅加水蒸煮，加压至 117.6kPa，可在此步骤添加各种调味料，从而制备多种口味的成品。

（5）油炸　将沥干水分后的豌豆放入热食用油中炸至口感酥脆。

（6）脱油　使用离心机脱去表面浮油。经过冷却、包装即为成品。

十二、油爆桃仁豌豆

1. 原料配方

豌豆 5kg，胡萝卜 1kg，香菇 1kg，核桃仁 0.5kg，油、盐、味精各适量，葱、姜末少许。

2. 工艺流程

原料处理→焯水→炸核桃仁→翻炒→成品

3. 操作要点

（1）原料处理　将豌豆剥皮取豆洗净，胡萝卜洗净后去皮切丁，香菇洗净去蒂切丁，核桃仁用温水浸泡 3～5min 备用。

（2）焯水　锅内加入适量清水煮沸，将豌豆、胡萝卜丁、香菇丁依次倒入焯水（注：要先倒入豌豆，煮 5min 左右，再将胡萝卜丁和香菇丁倒入，以保留胡萝卜和香菇的营养物质）。

（3）炸核桃仁　炒锅烧热后，加入食用油（比炒菜时的油量略大些）加热，将泡好的核桃仁倒入锅内用文火炸酥后捞出，控干油备用。

（4）翻炒　炒锅内留底油，用葱、姜末炝锅，依次倒入豌豆、胡萝卜丁、香菇丁翻炒，加入少量的清水，待烧开后收干汤汁，倒入核桃仁，加适量盐翻炒，出锅时再加少许味精即可。

十三、五香豆腐干

1. 原料配方

黄豆 5000g，八角 240g，花椒 240g，茴香 320g，陈皮 640g，食盐 10g，桂皮 160g，酱油适量。

2. 工艺流程

制浆→点脑→蹲脑→扳泔→摊袋→浇制→压榨→煮制

3. 操作要点

（1）点脑　用盐卤点脑，一手用勺搅动豆浆，一手倒入卤水，当缸中出现有蚕豆粒大小的豆腐脑，没有豆腐浆和沥出的黄泔水时，即可停止点卤和翻动。最后在豆腐脑上加入少量盐卤盖缸面。用此种点脑方法凝成的豆腐脑，质地比较老，即网状结构比较紧密，被包围在网眼中的水分比较少。

（2）蹲脑　蹲脑又称为涨浆或养花，蹲脑时间控制在 15min 左右。

（3）扳泔　用大铜勺口对着豆腐脑，略微倾斜，插入豆腐脑里，同时顺势将铜勺翻转，使豆腐脑亦顺势上下翻转，连续两下即可。在操作时，要用力使豆腐脑全面翻转，防止上下泄水程度不一，同时注意不使豆腐脑组织严重破坏，以免使产品粗糙而影响质量。

（4）摊袋　先放上一块竹编垫子，再放一只豆腐干的模型格子，然后在模型格子上摊放一块豆腐干包布，为了使成品方正，布要尽量摊得平整。

（5）浇制　快速将豆腐脑舀入模型格子内，使之呈平面状，当豆腐脑高出模型格子 2～3mm 时，全面平整豆腐脑，使之厚薄、高低一致，再把包布的四角盖在舀入的豆腐脑表面上。用铜勺在缸内舀豆腐脑时动作要轻，不要使豆腐脑破碎泄水。

（6）压榨　把烧制好的豆腐干移入液压榨床或机械榨床的榨位上，在开始的 5min 内，压力不要太大，待豆腐泔水适当排出，豆腐干表面稍有结皮后，再逐渐增加压力，继续排水，然后紧压 15min，到豆腐干的含水量基本达到质量要求时，即可放压脱榨。如果开始受压太大，会使豆腐干表面过早生皮，影响水分的排出，使产品含水量过多，影响质量。豆腐干的点脑、扳泔、浇制和压榨这四个环节都有豆腐脑的泄水问题，如果点脑点老了，在扳泔时要注意不能扳得太足；点浆点嫩了，扳泔时就应适当扳得足些。另外，在浇制和压榨时也应该根据点浆和扳泔的情况注意掌握好泄水的程度。

（7）煮制　卤汤系由五香料（八角、花椒、茴香、陈皮、桂皮）、适量食盐、适量酱油等熬制而成。将压好的豆腐干放入卤汤中，煮后晾干，反复煮制 3 次，每次煮制时间不低于 30min。

十四、熏制豆腐干

1. 原料配方

黄豆 5000g，食盐 20g，酱油适量。

2. 工艺流程

制浆→点脑→蹲脑→扳淖→摊袋→浇制→压榨→煮制→分切→泡盐拉碱→烟熏→冷却

3. 操作要点

（1）大豆制成豆腐干　其操作流程与五香豆腐干相同。

（2）分切　将豆腐干白坯分割成长 5cm、宽 2cm 的长条块。

（3）泡盐拉碱　在盐水池内浸泡 10min 左右捞出，放入专用的铁筐中，将铁筐与豆腐干白坯一同放入浓度为 1%、温度 60℃左右的碱水中浸泡 3～5min，待坯料表面光滑后，立即将铁筐提出，在通风处使其水分自然蒸发，待坯子表面光滑发亮后即可熏制。

（4）烟熏　一般需要熏制 20min 左右，中间将坯子翻倒一次，使两面熏制均匀。

十五、酱豆腐干

1. 原料配方

黄豆 10kg，酱油 2.6kg，白砂糖 0.5kg。

2. 工艺流程

制浆→点脑→蹲脑→扳淖→摊袋→浇制→压榨→煮制

3. 操作要点

（1）大豆制成豆腐干　其操作流程与五香豆腐干相同。

（2）煮制　将压好的豆腐干放入酱油水中，酱油水的配方为每 2kg 水加 2.6kg 酱油和 0.5kg 白砂糖。将白豆腐干放入酱油水中煮 30min 左右即可，时间可视入味情况适当调整。

十六、鸡汁豆腐干

1. 原料配方

黄豆 10kg，熬制好的卤汤。

2. 工艺流程

制浆→点脑→蹲脑→扳泔→摊袋→浇制→压榨→煮制

3. 操作要点

（1）大豆制成豆腐干　其操作流程与五香豆腐干相同。

（2）煮制　卤汤由酱油、老母鸡汤、生姜、大葱、八角、花椒、茴香、芝麻油、丁香、肉桂、白豆蔻等熬制而成。将压好的豆腐干放入卤汤中，煮制 40min 后晾干。

十七、湘派豆干

1. 原料配方

黄豆 10kg，调制好的卤汁、辣椒油适量。

2. 工艺流程

制浆→点脑→蹲脑→扳泔→摊袋→浇制→压榨→卤汁调配→卤制→配制辣椒油→调味

3. 操作要点

（1）大豆制豆腐干　其操作流程与五香豆腐干相同。

（2）卤汁调配　卤料：茴香 25g，八角 25g，香果 10g，草果 10g，山奈 5g，砂仁 5g，白芷 4g，桂皮 10g，香叶 3g，甘草 5g，白豆蔻 3g，花椒 1g，水 10kg。高汤：筒子骨 150g，大葱 25g，姜 15g，水 1kg，食盐 10g。将筒子骨煮制数个小时，得高汤，然后将卤料放入高汤中，大火煮沸 30min 后，改文火煮制 2h 左右，得卤汁。

（3）卤制　将压好的豆腐干放入卤汁中，煮制 2h 后晾干。

第七章
水产休闲食品

第一节 水产干制食品

一、调味鱿鱼丝

1. 原料配方

鲜鱿鱼、食盐、糖、味精、淀粉。

2. 工艺流程

原料接收→去头、去鳍、去内脏→清洗、脱皮→蒸煮→冷却→清洗→调味、渗透→摊片→烘干→冷藏、渗透→解冻、调 pH 值→焙烤→压片、拉丝→调味、渗透→干燥→称量、包装→成品

3. 操作要点

（1）原料接收　除去不新鲜或胴体发红的原料，对冷冻原料则是先放入水池解冻，控制在 2h 以内，使整个冻块中的鱿鱼个体能分开即可，不宜完全解冻，以免墨囊中墨汁流出污染胴体。

（2）去头、去鳍、去内脏　用刀切断头部与躯干部的连接，去掉头拉出内脏，小心墨囊中墨汁的流出，然后再切除胴体周边的鳍。

（3）清洗、脱皮　先用清水洗去胴体上附着的污物，然后脱皮。脱皮的方法主要有两种，一种是机器脱皮，把胴体平推过脱皮机的转动刀口即

可撕下外面的皮层；另一种则是蛋白酶脱皮，将鱿鱼胴体放入酶液中处理一定时间，取出后手工脱皮。

（4）蒸煮　在接近沸腾的夹层锅中放入鱿鱼胴体，煮 3min，使酶类失活，微生物死亡。

（5）冷却　取出蒸煮后的鱿鱼胴体，用常温下的自来水浇淋降温，然后再放入 10℃左右滚筒式的冰水槽内冷却。

（6）清洗　用清水洗去附着的碎皮和碎软骨等。

（7）调味、渗透　用食盐、糖、味精和一系列添加剂配制好调味液，将胴体放入充分搅拌，然后于冷却室放置 12h，让调味液充分渗入到胴体内。

（8）摊片　将调味后的胴体平摊在金属网片上，然后放入烘车一层一层的搁架上，准备烘干。

（9）烘干　为充分而均匀地脱去水分，烘干过程分两个阶段进行，第一阶段在 35℃的烘干房中放置 7～8h，第二阶段则在 300℃放置 12h，此时鱿鱼片的含水量为 45%～50%。

（10）冷藏、渗透　烘干后，为了让鱿鱼片中的水分和调味液分布均匀，将其在 −18℃的冷冻室冷藏 12h，平衡水分。

（11）解冻、调 pH 值　取出冻鱿鱼在室温下解冻，然后将鱿鱼片放入温水槽中，将鱿鱼片水分恢复到规定的范围内并调整 pH 值至中性，取出沥水至不连续滴水为止。

（12）焙烤　采用电加热方式进行焙烤，温度控制在 90～120℃，时间 4～8min，此时鱿鱼片的含水量 30%左右。

（13）压片、拉丝　先进行压片，将烤干后的鱿鱼片送入上下两个滚筒之间进行滚压，上下两滚轮的直径大小不一，所以其转速也不一样，通过滚压，使较硬的鱿鱼片轧松，然后由拉丝机拉丝。拉丝分两部分，先经过齿轮滚压让轧松后的鱿鱼片轻微断裂，然后再由拉丝刀片把鱿鱼片拉成丝。

（14）调味、渗透　将鱿鱼丝放入调味转筒中，加入糖、淀粉等调味料，充分搅拌调匀后，放入盘内，加盖，送入到渗透室内渗透，一般放置 12h，让调味料充分渗透。

（15）干燥　渗透完后再进行干燥，采用隧道式蒸汽烘干法，将鱿鱼丝放入烘干机的自动输送带上，控制一定的温度烘 10min 左右即可，此时产品的水分含量 22％～28％。

（16）称量、包装　按一定的质量指标进行称量，有 25g、50g、100g 等规格，将鱿鱼丝放入小塑料盘中，放入干燥剂，再放入塑料袋内封口包装，最后放入纸箱，印刷品名、规格、出厂编号、生产企业等。

二、香甜鱿鱼干

1. 原料配方

① 鲜鱿鱼、硼酸、食盐、桂皮粉、辣椒粉、花椒粉、白砂糖、精盐、酱油、一级鱼露、甜蜜素、柠檬酸、味精。

② 香料粉配制　取葱头粉 175g、蒜头粉 125g、胡椒粉 150g、辣椒粉 75g、丁香粉 75g、甘草粉 100g、八角粉 100g，均匀混合，即成香料粉（800g），立即装瓶备用。

2. 工艺流程

原料处理→浸水→浸酸→调味→滚压撕条→拌料烘干→杀菌→包装

3. 操作要点

（1）原料处理　选择体长 10～15cm 的新鲜鱿鱼或冷冻原料（先解冻），除去海螵蛸、肉腕、内脏和皮，制成鱿鱼片；漂洗沥水，摊在尼龙网晒盘上晒干或烘干贮藏备用。

（2）浸水　加工香甜鱿鱼干时，先取体形大小和色泽一致的干鱼片 25kg，浸泡在清水中 45min 左右，使其复水回软。

（3）浸酸　硼酸盐水的配制，取硼酸 400g、食盐 600g，溶解于 40L 开水中，即成硼酸盐水。取复水后的鱿鱼片，沥水后，在 40L 的硼酸盐水（90℃以上）中浸 20～25min，促使鱼体酥软。然后捞取投入温水中，迅速洗除表面筋膜、污物，随手投入另一个容器的清洁温水中，继续复水软化，待全部洗好后一起捞起沥水。浸泡时间一般不超过 2h，复水回软后，鱼片重约 50kg。

（4）调味液的配制　取桂皮粉、辣椒粉各 50g，花椒粉 175g，加水 10L，煮沸 30min 过滤；再用 20L 开水冲洗滤渣。二次滤液合并约 25L，再将白砂糖 1kg、精盐 0.75kg、酱油或一级鱼露 5L、甜蜜素、柠檬酸各

25g 溶解于上述滤液中，经过滤可得香甜调味液 26L 左右。

（5）调味　取上述配制的香甜调味液 26L，放入不锈钢锅加热至沸，投入鱼片，煮 1h 后，采用小火焖炖 1～1.5h，并注意经常翻动，以免煮焦。然后，把鱼片和调味液倒进保温瓷桶中保温 60～70℃，等待滚压撕条。

（6）滚压撕条　从保温瓷桶中捞出熟鱼片，放在滚压机中压轧 2～3 次，使鱼片纤维组织松散；然后顺着纤维撕成宽 0.4cm、长 2cm 的鱿鱼丝条。

（7）拌料烘干　取上述鱿鱼丝条，每千克称取香料粉 10g、味精 35g、白砂糖 30g，混合物均匀拌在丝条中，再将它摊在烘盘上，移入红外线烘箱上烘至表面稍干即停止，让其回潮；再取白砂糖 30g 拌筛在丝条中，烘至含水量 25% 以下；冷却后每千克干品再拌香料粉 5g，装入缸内密封罨蒸 1～2d，使香料、水分扩散均匀。

（8）杀菌　罨蒸后的鱿鱼丝条，再用红外线烘干箱烘干一次，控制水分在 22%～24% 之间，然后用紫外线灯杀菌 5～10min。

（9）包装　杀菌后的制品，按一定的质量规格，分别用塑料食品袋或复合薄膜袋包装，严密封口，再装箱贮放于干燥处。

三、鳕柳丝

1. 原料配方

① 冷冻鳕鱼糜 80kg，面粉 10kg，食盐 2kg，白砂糖 5kg，味精 2kg，山梨酸 1kg。

② 冷冻鳕鱼糜 140kg，白砂糖 13kg，淀粉 40kg，食盐 6kg，山梨糖醇 1kg。

③ 冷冻鳕鱼糜 100kg，食盐 2.7kg，淀粉 3.0kg，味精 0.3kg，甘氨酸 2.0kg，丙氨酸 1.0kg，山梨糖醇 1.0kg，料酒 3.0kg，蟹味香料 0.5kg，蟹浓缩液 1.5kg，蛋清 10kg。

2. 工艺流程

原料处理→精过滤→擂溃、调味→成型→加热→烘烤→干燥→冷却→切条→包装→成品

3. 操作要点

（1）原料处理　原料处理时，首先去除鱼头、鳍、鳞、内脏、皮等，然后在流水中洗净腹腔内的血污、黑膜等，从而避免因这些污物的存在影响鱼糜的色泽和成品感官质量。关于鱼肉的采取，传统的方法是将鱼剖杀洗净，从尾到颈，去内脏、去脊骨，取下背部两片肉，先冷藏一下再用刀刮取鱼肉，一片完整的鱼身，有 3 条隔合线，共 4 条肌肉，当中 2 条肌肉纤维纹路向着头部，边上 2 条向着尾部。操作时，要顺纤维纹路刮，刀的倾斜角以 45°为宜，使用刀的前口或后口，刮得细，刮到血筋为止，以免影响色泽和食感。

将刮下的鱼肉漂于清水中，漂去红色血筋和混浊杂质，以增强白度，但漂洗的时间不宜过长，否则损失增大，然后用洁净纱布滤去水分。

现代工业化生产方法是将处理好的原料，利用鱼肉采取机采肉。这种方法生产效益及出肉率高，适宜于工业化生产。

（2）精过滤　目的是滤除残留在鱼肉中的小骨刺、鱼皮、腹膜、鳞等夹杂物。方法是采用精过滤机过滤一次即可。选择过滤机过滤网筒的孔眼直径为 1.8mm 左右。操作时要注意防止因鱼肉摩擦挤压而引起的过度升温，一般升温不宜超过 3℃，以提高产品的弹性质量。在没有精滤机时，也可用绞肉机绞鱼肉 1～2 遍，以绞细鱼肉。但这种方法生产的产品中会有少量刺骨残留。

（3）擂溃　擂溃时必须严格控制鱼糜的温度。这是因为蛋白质在 20℃以上就容易变性，而逐渐失去其亲水性，以致加热后往往不能形成包水的网状结构，而成为豆腐渣状的制品。一般擂溃时的鱼糜温度控制在 10℃左右为好。为维持这种低温，可将鱼肉先冷却，或在擂溃过程中加入适量碎冰（以冰代水）。这不仅可降低肉糜温度，而且使成品柔嫩可口；如使用冻鱼糜，则应控制解冻程度。此外，擂溃后的鱼糜不应在 25℃以上搁置过久，否则加热后也易呈豆腐渣状。根据原料性质及擂溃条件的不同，擂溃时间一般需 20～30min。

（4）调味　将各种配料加入擂溃鱼糜中形成调味鱼糜。

（5）成型　用压延机压成厚度为 1.0～1.5mm 薄片。

（6）加热　然后用表面温度为 70～85℃滚筒加热，使制品产生弹性，易剥离（此阶段制品的水分含量为 50%）。

（7）烘烤　置于表面温度为 190～200℃的薄板上，通过辐射热高温烘烤约 20s，使制品的表面产生气泡（此阶段制品的水分含量为 30％）。

（8）干燥　把制品用 100～105℃干燥设备干燥 15min，使气泡收缩，产生皱褶（此阶段制品的水分含量降至 16％）。

（9）切条　将制品切成长 100～130mm、宽 2～3mm 的细条或其他便于食用的形状。

（10）包装　真空包装，微波杀菌，入库。

四、多味小鲫鱼干

1. 原料配方

鲜小鲫鱼 100kg，食盐 4kg，白砂糖 6kg，黄酒 5kg，桂皮 500g，八角 300g，生姜 1kg，月桂叶 100g，花椒 200g，陈皮 100g，味精 200g，干辣椒 50g。

2. 工艺流程

原料处理→盐渍→调料液浸腌→沥干→烘制→包装→成品

3. 操作要点

（1）原料处理　用刀轻轻刮除鱼鳞，剪去鱼鳍，然后用小刀或剪刀进行剖腹，挖去内脏，除去鱼鳃，然后用清水冲洗干净。

（2）盐渍　将洗净的小鲫鱼放进 4％的盐水中，盐渍约 20min。鱼与盐水比例为 1：2，腌完捞出用清水冲洗一遍，沥干水分，待用。

（3）配制　调料液按如下配方进行配制：白砂糖 6kg，黄酒 5kg，食盐 4kg，桂皮 500g，八角 300g，生姜 1kg，月桂叶 100g，花椒 200g，陈皮 100g，味精 200g，干辣椒 50g，水 100kg。首先将桂皮、八角、生姜、月桂叶、花椒、辣椒和陈皮等用纱布袋装好，扎紧袋口，入水加热煮沸，稍加熬制，最后加黄酒、味精，过滤备用，调至总量为 100kg。

（4）调料液浸腌　将沥干水分的小鲫鱼放入 60～80℃的调料液中浸腌数小时。捞起沥干。

（5）烘制　60～80℃对沥干的小鲫鱼进行烘烤，至干燥不粘手为止。

（6）包装　按大小不同，分级进行定量包装，即为成品。

五、鮟鱇鱼干

1. 原料配方

鲜鮟鱇鱼片 100％，食盐 15％～20％。

2. 工艺流程

原料选择→剖割→腌渍→刷晒→成品

3. 操作要点

（1）原料选择　原料以新鲜鮟鱇鱼为宜，鲜度较差但无腐败气味、大小不一的均可加工。一般 2kg 以下的适宜剖割开片，冷冻或干制，2kg 以上的剖割后，可将尾部肌肉剔下加工肉条。

（2）剖割　将冲刷干净的鱼体放在割鱼板上，腹面向上，头向人体，用刀自颈部开始，沿腹部中线切至尾部，再回刀切开鱼头，将两鳃割开，成为全开鱼片，取出内脏，再从肉面脊骨两侧各割一道渗盐线，即行腌渍。也可经过洗刷后再加工成冷冻品。

（3）腌渍　在地板上或鱼池中，层鱼层盐腌制，用盐量为鲜鱼片的15％～20％，经 2～3 天即可腌好。

（4）刷晒　腌渍好的鱼片，用海水将黏液和其他污物全部洗刷干净，沥水后在草板或竹帘上平晒，先晒内面，待干燥一层硬皮后再行翻转，当晒至六七成干时，收起垛压，以便整形和扩散水分。2～3 天后，再次晾晒，晒至全干为止。出成率一般在 18％左右。

（5）成品　质量要求体片完整、板平，肉面色泽淡青有白条，但无盐霜，气味正常，干燥均匀，干度在九成以上。

六、麻辣白鲢鱼

1. 原料配方

白鲢 10kg，食盐 0.25kg，味精 0.05kg，花椒粉 0.2kg，茴香、桂皮、草果 0.2kg，辣椒粉 0.2kg，料酒 0.1kg，酱油 0.2kg，葱白、鲜姜适量。

2. 工艺流程

　　　　　茴香、桂皮、草果→熬煮→香料水

　　　　　　　　　　　　　　　↓

　　　　　白鲢处理→清洗→沥水→腌制→晾制→油炸→调味→真空包装→杀
菌→成品

3. 操作要点

　　（1）白鲢处理、清洗、沥水、腌制　将鱼剖腹处理后，摘除内脏及鱼
鳃，清洗干净，以去除鱼腥味，加入香料水、食盐、料酒、葱白、鲜姜腌
制 24h，目的是去除鱼腥味，赋予鱼体一定风味。注意保持料水温度不高
于 10℃，以防止鱼体变质。

　　（2）晾制　待腌制时间到后，吊挂晾干表面水分，阴天 65℃烤制 1h，
表面稍干爽，以利于油炸。

　　（3）油炸　油炸温度 160℃，时间 2min，目的是除去鱼腥味，使鱼体
坚挺，增强鱼肉韧性，并赋予鱼体特殊的风味，将鱼放入捞篓内，以便熟
后取出，同时注意一次不可下入太多的鱼，以防油温下降太多。

　　（4）调味　炸麻辣油——将色拉油烧热到 180℃，将辣椒粉、花椒粉
拌匀后，泼入热油，边泼边搅拌。将酱油、香料水、料酒混合，将炸后的
鱼浸入调料水中，将麻辣油涂抹在鱼体上装入高温蒸煮袋中，以在杀菌时
赋予鱼体一定的麻辣味。

　　（5）杀菌　待装满一个工作单位后将其推入杀菌罐，开始杀菌，杀菌
公式为 15min—25min—15min/121℃，反压 2.5。杀菌时不得装入太多，
且保证最上一层在水面以下。

第二节　水产肉脯食品

一、香辣鱼脯

　　具有健脾补气的功能。

1. 原料配方

（1）原料　新鲜鱼肉 100％，醋酸 1.5％～2％，冰醋酸 0.5％～0.7％，白砂糖 3％，酱油 4％，食盐 2％，味精 0.2％，黄酒 1％。

（2）香辛料　茴香 20g，甘草 20g，花椒 20g，桂皮 20g，红辣椒粉 150g，丁香 50g。

2. 工艺流程

原料处理→浸酸→漂洗→调味浸渍→烘烤→包装→成品

3. 操作要点

（1）原料处理　将新鲜鱼（以条重 500g 以上为宜）剖腹去内脏，洗净腹腔后去皮，分割成条块状净鱼肉，然后切成截面 2cm×3cm 左右的肉条，再沿肌肉纤维平行切成 2mm 薄片。若鱼肉色较深可用 1 倍量 5％浓度的盐水漂洗 5～10min，使部分血溶于盐水而脱去，然后用清水漂去血污。

（2）浸酸　浸酸的目的是除去鱼肉的脲臭。将鱼片放在耐酸容器内，加入其重 1.5％～2％的食用醋酸或加冰醋酸 0.5％～0.7％（用 1 倍量清水稀释）调节 pH 为 5～6，边加边搅拌，至鱼肉均匀受酸后浸渍 30min 左右即脱去氨味。

（3）漂洗　浸酸后的鱼肉，要用大量清水漂洗脱酸，直至接近中性为止，即可离心脱水，或用重力压榨法脱去部分水分，使鱼肉内容易吸收调味液。

（4）香料水的配制　取茴香、甘草、花椒、桂皮各 20g，红辣椒粉 150g，丁香 50g，洗净。加水 9L，煮至剩 3.3L 左右，用纱布过滤，去渣备用。

（5）调味液配制　先将香料水放在锅内，加白砂糖、酱油、食盐，边煮边搅拌，待煮沸溶解后，再加入味精，搅匀放冷后加入黄酒备用。

（6）调味浸渍　将脱水后的鱼肉片，放在调味液中浸渍 2h 左右，捞起沥干。

（7）烘烤　将沥去调味液的鱼肉片，平整地摊放在晒网烘架上，在 60～70℃温度下烘至六七成干（或晒干），然后逐渐升温至 100～110℃焙烤至九成干，以带有韧性为度。

（8）包装　成品自烘房取出，自然冷却至室温，然后用聚乙烯袋定量包装，严密封口（或用复合薄膜真空包装），装入内衬防潮纸板箱，贮藏于阴干处。

二、多味鱼肉脯

1. 原料配方

（1）擂溃配方（以鱼肉质量计）　新鲜鱼肉 100％，6％食盐，0.2％味精，3％白砂糖，0.2％五香粉，0.3％姜粉，0.2％焦磷酸钠。

（2）调味汁配方（以每公斤鱼肉计）　生姜 1g，酱油 18g，白砂糖 15g，食盐 4g，味精 0.3g，胡椒粉 1g，辣椒干 1g，桂皮 15g，八角 15g，清水 300g。

2. 工艺流程

选鱼→去鳞→剖片→清洗→脱腥→漂洗→擂溃→烘片→油炸→浸汁→沥干→烘制→成品

3. 操作要点

（1）选鱼　选较大、膘肥的新鲜鱼，并将其洗净。冻鱼在室温下用流水解冻、洗净。

（2）去鳞　将整条鱼浸入 80～85℃，浓度为 3％的碳酸钠溶液中 10～15s，然后立即移入冰水中不断搅动 3～4min，取出，用刀刮去鱼鳞，清洗干净。

（3）剖片　用刀垂直将鱼头切下，沿背椎骨向鱼尾割下一片完整的鱼肉。用同样的方法得到另一片鱼肉。

（4）脱腥　将鱼肉片放入浓度 6％食盐溶液中浸泡 30min，鱼肉和盐水之比 1：2，浸泡过程中翻动 2～3 次。浸泡结束后用流动水漂洗 2～3min。

（5）漂洗　将脱腥后的鱼肉泡在 5 倍的清水中，慢慢搅动 8～10min，静置 10min，倒去漂洗液，再按以上方法重复操作 3 次。最后一次漂洗用 0.15％食盐水溶液。漂洗后沥干水分。

（6）擂溃　分为空擂、盐擂和调味擂溃三个阶段。空擂是将鱼肉放入绞切机内粗绞一次成糜,时间为 5min。鱼糜应粗细适中。随后盐擂,将 3%食盐溶于水,加入鱼糜中,搅拌研磨 10min,使鱼肉变成黏性很强的溶胶。最后是调味擂溃,先将 0.2%味精、3%白砂糖、0.2%五香粉、0.3%姜粉、0.2%焦磷酸钠(以鱼肉质量计)溶于水,倒入鱼糜中,匀速搅拌 3 分钟。然后将 4%淀粉溶于水,加入鱼糜中再搅拌 3min。

(7) 烘片 将处理好的鱼糜摊到模板上,厚度为 2~3mm。将模板连同鱼糜置于鼓风干燥箱中,在 45℃温度下烘 3 小时,取下,将半干制品放到网片上,在 50℃温度继续烘 4 小时,使鱼片水分降至 20%左右。

(8) 油炸 将烘好的鱼片切成小块投入温度为 190~200℃的色拉油中,轻轻翻动,炸 5~7min,当鱼脯表面呈金黄色时捞出沥油。

(9) 浸汁 调味汁配方(以每公斤鱼肉计):生姜 1g、酱油 18g、白砂糖 15g、精盐 4g、味精 0.3g、胡椒粉 1g、辣椒干 1g、桂皮 15g、八角 15g、清水 300g。调味汁煮制:按配方的量将洗净的桂皮、八角、生姜投入锅中,加水煮沸,保持微沸 1h,然后捞出香料。控制锅中配液为 300g 左右,用纱布过滤后,加入酱油等并加热,搅拌溶解、煮沸。将炸好的鱼脯趁热浸入调味汁中,浸泡 10~15s,捞出沥干。

(10) 烘制 将鱼肉脯放入鼓风干燥箱中,在 100℃温度下烘至酥脆,然后密封包装,即得成品。

三、橡皮鱼脯

1. 原料配方

(1) 原料 新鲜橡皮鱼(学名绿鳍马面鲀) 2kg、醋酸 20g、白砂糖 50g、酱油 50g、精盐 20g、味精 10g、黄酒 50g。

(2) 香辛料 茴香 20g、甘草 20g、花椒 20g、桂皮 20g、红辣椒粉 150g、丁香 50g。

2. 工艺流程

原料处理→浸酸→漂洗→调味浸渍→烘烤→包装→成品

3. 操作要点

(1) 原料处理 将新鲜橡皮鱼剖腹去内脏,洗净腹腔后去皮,分割成条块状净鱼肉，然后切成截面 2cm×3cm 左右的肉条，再沿肌肉纤维平行切成 2mm 薄片。若鱼肉色较深可用 1 倍量 5% 浓度的盐水漂洗 5～10min，使部分血溶于盐水而脱去，然后用清水漂去血污。

（2）浸酸　将鱼片放在耐酸容器内，加入其重 1.5%～2% 的食用醋酸或加冰醋酸 0.5%～0.7%（用 1 倍量清水稀释）调节 pH 为 5～6，边加边搅拌，至鱼肉均匀受酸后浸渍 30min 左右即脱去氨味。

（3）漂洗　浸酸后的鱼肉，要用大量清水漂洗脱酸，直至接近中性为止，即可离心脱水，或用重力压榨法脱去部分水分，使鱼肉内容易吸收调味液。

（4）香料水的配制　取茴香、甘草、花椒、桂皮各 20g，红辣椒粉 150g，丁香 50g，洗净。加水 9L，煮至剩 3.3L 左右，用纱布过滤，去渣备用。

（5）调味液配制　先将香料水放在锅内，加白砂糖、酱油、精盐，边煮边搅拌，待煮沸溶解后，再加入味精，搅匀放冷后加入黄酒备用。

（6）调味浸渍　将脱水后的鱼肉片，放在调味液中浸渍 2h 左右，捞起沥干。

（7）烘烤　将沥去调味液的鱼肉片，平整地摊放在晒网烘架上，在 60～70℃ 温度下烘至六七成干（或晒干），然后逐渐升温至 100～110℃ 焙烤至九成干，以带有韧性为度。

（8）包装　成品自烘房取出，自然冷却至室温，然后用聚乙烯袋定量包装，严密封口（或用复合薄膜真空包装），装入内衬防潮纸板箱，贮藏于阴干处。

四、甜味鱼肉脯

1. 原料配方

（1）主料　鱼肉 1kg。

（2）擂溃　味精 2g，白砂糖 30g，五香粉 2g，姜粉 3g，焦磷酸钠 2g，淀粉 40g。

（3）调味汁　生姜 1g，酱油 18g，白砂糖 15g，食盐 4g，味精 0.3g，胡椒粉 1g，干辣椒 1g，桂皮 15g，八角 15g，清水 300g。

2. 工艺流程

原料选择→原料预处理→去鳞→切片→脱腥→漂洗→擂溃→烘片→油炸→调味→烘制→包装→成品

3. 操作要点

（1）原料选择　加工鱼脯主要以无刺的鱼肉为原料，因此宜选较大、膘肥的鱼。以冻鱼为原料时，需解冻后加工，并且为防止解冻时造成的汁液流失过多，一般要求冻鱼在室温下用流水解冻、洗净。

（2）去鳞　去鳞前需将鱼浸入 80～85℃、浓度为 3％的碳酸钠溶液中浸泡 10～15s，然后立即移入冰水中并不断搅动 3～4min，取出，用刀刮去鱼鳞，清洗干净。

（3）切片　用刀垂直将鱼头切下，沿背椎骨向鱼尾割下一片完整的鱼肉。用同样的方法得到另一片鱼肉，为便于接下来的处理，要求切片尽量完整并将鱼肉充分利用。

（4）脱腥、漂洗　将鱼肉片放入浓度为 6％的食盐溶液中浸泡 30min脱腥，要求鱼肉和盐水的比例大于 1：2，并且要在浸泡过程中翻动 2～3次。待浸泡结束后，将脱腥后的鱼肉用流动水漂洗 2～3min，再泡在 5 倍的清水中，慢慢搅动 8～10min，静置 10min，然后倒去漂洗液，再按以上浸泡方法重复操作三次。最后一次漂洗用 0.15％的食盐水溶液，漂洗后沥干水分。

（5）擂溃　擂溃分为空擂、盐擂和调味擂溃三个阶段。空擂是将鱼肉放入绞切机内粗绞一次成糜，时间为 5min。鱼糜应粗细适中。盐擂是将3％的食盐溶于水，加入鱼糜中，搅拌研磨 10min，使鱼肉变成黏性很强的溶胶。调味擂溃是先将味精、白砂糖、五香粉、姜粉、焦磷酸钠溶于水，倒入鱼糜中，匀速搅拌 3min。然后将淀粉溶于水，加入鱼糜中再搅拌 3min。

（6）烘片　将处理好的鱼糜平整地摊到模板上，厚度为 2～3mm。然后将模板连同鱼糜置于鼓风干燥箱中，在 45℃下烘 3h，将半干制品取下并放到网片上，50℃继续烘 4h，使鱼片水分降至 20％左右。

（7）油炸　将烘好的鱼片切成小块投入温度为 190～200℃的色拉油中，轻轻翻动，炸 5～7min，当鱼脯表面呈金黄色时捞出沥油。

（8）调味　按配方的量将洗净的桂皮、八角、生姜投入锅中，加水煮沸，保持微沸 1h，捞出香料，控制锅中配液为 300g 左右，用纱布过滤后，加入剩余调料并加热，搅拌溶解，煮沸，制成调味汁。将炸好的鱼脯趁热浸入调味汁中，浸泡 10～15s，捞出沥干。

（9）烘制　将鱼肉脯放入鼓风干燥箱中，于 100℃ 温度下烘至酥脆，然后密封包装，即得成品。

五、五香鱼脯

1. 原料配方

（1）主料　鱼肉 74kg。

（2）调味液　茴香 0.2kg，桂皮 0.2kg，甘草 0.2kg，花椒 0.2kg，丁香 0.05kg，酱油 3kg，食盐 0.1kg，白砂糖 4.5kg，味精 0.1kg，黄酒 1kg，清水 9kg。

2. 工艺流程

原料验收→原料处理→脱色→浸酸脱臭→漂洗→脱水→调味→烘烤→包装→成品

3. 操作要点

（1）原料处理、脱色　一般选择个体较大、肉质肥厚的鱼类为原料，比如可食用鲨鱼等。首先将鱼用水冲洗，开腹，去内脏，洗净腹腔后去皮，剖割成条块状净鱼肉，再沿肌肉纤维平行切成 2mm 的薄片。为使肉色较深的褐色肉脱去部分血液，可用 1 倍量 5% 的盐水浸泡 5～10 mim，然后用清水漂去血污。

（2）浸酸脱臭　为了脱去鱼体中的氨味，需将漂洗脱色的鱼肉薄片用醋酸浸渍 30min 左右，浸泡至用试纸测试 pH 值为 5～6 为止，一般冰醋酸使用量为鱼肉的 0.5%～0.7%，食用醋酸用量为鱼肉的 1.5%～2%。

（3）漂洗　浸酸完毕后，即用大量清水漂洗，直至洗到接近中性。为使鱼肉薄片容易吸收调味液，需将脱酸后的鱼肉薄片包在布袋内，用石块压榨或离心分离脱去部分水分。

（4）调味　调味液的煮制：按配方将茴香、桂皮、甘草、花椒、丁香放在清水中煮沸，熬至香料液 6.6kg 左右，用纱布过滤后，加入酱油、食盐、白砂糖，边煮边搅。待煮沸溶解后，再加入味精，搅匀放凉，再加入黄酒，即制成调味液。若加工辣味鱼脯，可在以上调味液中增加 150g 红辣椒粉一起烧煮。将脱水后的鱼肉薄片，放入调味液中浸渍约 2h 即可捞起。

（5）烘烤　将捞起沥干调味液的鱼肉薄片平整地摊放在铁丝网烘架上，在 60～70℃ 条件下烘至六七成干，也可用日光晒干。然后逐渐升温至 100～110℃ 焙烤至九成干，以带有韧性为度。烘烤时要注意随时翻动，防止烤焦。

（6）包装　成品自烘房取出，自然冷却至室温后，用聚乙烯薄膜袋定量包装，严密封口，并装入带内衬防潮纸的纸板箱，以便于贮运。包装时应注意安全卫生的要求。

六、马哈鱼脯

1. 原料配方

（1）原料　新鲜马哈鱼 100％，醋酸 1.5％～2％，白砂糖 10％，酱油 8％，食盐 2％，味精 1％，黄酒 5％。

（2）香辛料　茴香 20g，甘草 20g，花椒 20g，桂皮 20g，红辣椒粉 150g，丁香 50g。

2. 工艺流程

原料处理→浸酸→漂洗→调味浸渍→烘烤→包装→成品

3. 操作要点

（1）原料处理　将新鲜马哈鱼剖腹去内脏，洗净腹腔后去皮，分割成条块状净鱼肉，然后切成截面 2cm×3cm 左右的肉条，再沿肌肉纤维平行切成 2mm 薄片。若鱼肉色较深可用 1 倍量 5％浓度的盐水漂洗 5～10min，使部分血溶于盐水而脱去，然后用清水漂去血污。

（2）浸酸　将鱼片放在耐酸容器内，加入其质量 1.5％～2％的食用醋酸或加冰醋酸 0.5％～0.7％（用 1 倍量清水稀释）调节 pH 为 5～6，边加边搅拌，至鱼肉均匀受酸后浸渍 30min 左右即脱去氨味。

（3）漂洗　浸酸后的鱼肉，要用大量清水漂洗脱酸，直至接近中性为止，即可离心脱水，或用重力压榨法脱去部分水分，使鱼肉容易吸收调味液。

（4）香料水的配制　取茴香、甘草、花椒、桂皮各 20g，红辣椒粉 150g，丁香 50g，洗净。加水 9L，煮至剩 3.3L 左右，用纱布过滤，去渣备用。

（5）调味液配制　先将香料水放在锅内，加白砂糖、酱油、食盐，边煮边搅拌，待煮沸溶解后，再加入味精，搅匀放冷后加入黄酒备用。

（6）调味浸渍　将脱水后的鱼肉片，放在调味液中浸渍 2h 左右，捞起沥干。

（7）烘烤　将沥去调味液的鱼肉片，平整地摊放在晒网烘架上，在 60～70℃温度下烘至六七成干（或晒干），然后逐渐升温至 100～110℃ 焙烤至九成干，以带有韧性为度。

（8）包装　成品自烘房取出，自然冷却至室温，然后用聚乙烯袋定量包装，严密封口（或用复合薄膜真空包装），装入内衬防潮纸板箱，贮藏于阴干处。

第三节　水产肉松食品

一、鲤鱼松

1. 原料配方

鲤鱼肉 8kg，油 150g，盐 130g，糖 300g，姜、葱、醋、料酒、五香粉各适量。

2. 工艺流程

原料处理→蒸熟→去鱼骨→调味→炒松→冷却→包装→成品

3. 操作要点

（1）原料处理　将鲤鱼去头、鳞、鳍、内脏等，取鱼肉去杂，洗净沥干水分待用。

（2）蒸熟　将沥干水分的鱼肉装入容器，加葱、姜、料酒蒸熟（以鱼肉能剔骨为宜）出笼，除去葱、姜。

（3）去鱼骨　趁热除掉鱼骨，沥干水分。

（4）调味　锅内放少量油烧热，将鱼肉放入锅内用文火翻炒，边炒边加醋、料酒、盐，最后放糖。

（5）炒松　当炒至冒出大量水蒸气，鱼肉颜色由淡黄变成金黄，发出香味时，加入少量五香粉继续炒至锅中鱼肉松散、干燥为止。

（6）冷却　将已炒好的鱼肉离火出锅，置于浅盆或盘等容器中冷却至常温即成鱼松。

（7）包装　将已制好的鱼松用消毒过的食品袋包装好即得成品。

二、草鱼松

1. 原料配方

草鱼肉 8kg，油 150g，盐 130g，糖 300g，姜、葱、醋、料酒、五香粉各适量。

2. 工艺流程

原料处理→蒸熟→去鱼骨→调味→炒松→冷却→包装→成品

3. 操作要点

（1）原料处理　将草鱼去头、鳞、鳍、内脏等，取鱼肉去杂，洗净沥干水分待用。

（2）蒸熟　将沥干水分的鱼肉装入容器，加葱、姜、料酒蒸熟（以鱼肉能剔骨为宜）出笼，除去葱、姜。

（3）去鱼骨　趁热除掉鱼骨，沥干水分。

（4）调味　锅内放少量油烧热，将鱼肉放入锅内用文火翻炒，边炒边加醋、料酒、盐，最后放糖。

（5）炒松　当炒至冒出大量水蒸气、鱼肉颜色由淡黄变成金黄、发出香味时，加入少量五香粉继续炒至锅中鱼肉松散、干燥为止。

（6）冷却　将已炒好的鱼肉离火出锅，置于浅盆、盘等容器中冷却至常温即成鱼松。

（7）包装　将已制好的鱼松用消毒过的食品袋包装好即得成品。

三、鲢鱼松

1. 原料配方

鲢鱼肉 8kg，油 150g，盐 130g，糖 300g，姜、葱少许，醋、料酒、五香粉各适量。

2. 工艺流程

原料处理→蒸熟→去鱼骨→调味→炒松→冷却→包装→成品

3. 操作要点

（1）原料处理　将鲢鱼去头、鳞、鳍、内脏等，取鱼肉去杂，洗净沥干水分待用。

（2）蒸熟　将沥干水分的鱼肉装入容器，加葱、姜、料酒蒸熟（以鱼肉能剔骨为宜）出笼，除去葱、姜。

（3）去鱼骨　趁热除掉鱼骨，沥干水分。

（4）调味　锅内放少量油烧热，将鱼肉放入锅内用文火翻炒，边炒边加醋、料酒、盐，最后放糖。

（5）炒松　当炒至冒出大量水蒸气、鱼肉颜色由淡黄变成金黄、发出香味时，加入少量五香粉继续炒至锅中鱼肉松散、干燥为止。

（6）冷却　将已炒好的鱼肉离火出锅，置于浅盆、盘等容器中冷却至常温即成鱼松。

（7）包装　将已制好的鱼松用消毒过的食品袋包装好即得成品。

四、牡蛎肉松

1. 原料配方

脱壳牡蛎 30kg，白肉鱼肉糜 10kg，大豆蛋白或小麦面筋 500g，色拉油 200mL，蛋黄、调味料适量。

2. 工艺流程

原料处理→调配→加热→包装→杀菌→成品

3. 操作要点

（1）原料处理　取脱壳牡蛎放入冷水中，迅速用水洗净，取出后熏制 48h，使其在除去水分的同时，产生牡蛎本来的风味，然后用搅拌机搅至不成形的程度。

（2）调配　将白肉鱼（如鳕鱼、石首鱼、海鳗等）肉糜，作为赋形剂加入牡蛎肉糜中，再加大豆蛋白或小麦面筋，并添加适量的蛋黄、食盐、甜味料等。也可用鸡肉糜代替鱼肉糜。

（3）加热　水煎加热 2～3h，制得水分含量为 10%～30% 的肉松状（直径 1～3mm）牡蛎混合物。为优化口感，加入色拉油。

（4）包装、杀菌　趁热（约 60℃）装入可加热的瓶或袋中，密封后，在 100℃以上的温度下加热杀菌 45min，即得牡蛎肉松。

参考文献

[1] 高海燕，孙晶. 休闲食品生产工艺与配方 [M]. 北京：化学工业出版社，2015.

[2] 曾洁，范媛媛. 水产品休闲小食品 [M]. 北京：化学工业出版社，2012.

[3] 曾洁，赵秀红. 豆类食品加工 [M]. 北京：化学工业出版社，2012.

[4] 曾洁，李东华. 蔬菜小食品生产 [M]. 北京：化学工业出版社，2013.

[5] 郑坚强. 水产品加工工艺与配方 [M]. 北京：化学工业出版社，2008.

[6] 高海燕，孙晶. 休闲食品生产工艺与配方 [M]. 北京：化学工业出版社，2015.

[7] 曾洁，刘骞. 酱卤食品生产工艺和配方 [M]. 北京：化学工业出版社，2014.

[8] 郑友军，贺荣平. 新版休闲食品配方 [M]. 北京：中国轻工业出版社 2002.

[9] 彭阳生. 高级调味油的生产工艺总结 [J]. 中国油脂，2003，23（8）：32-33.

[10] 刘惠民. 几种调味油生产设备及工艺 [J]. 中国油脂，1999，24（2）：56-57.

[11] 李金红. 复合调味品的调配 [J]. 中国油脂，2006，4（4）：28-29.

[12] 孔佳麒，陈慧. 调味料发展趋势 [J]. 粮食与油脂，2007（10）：1-3.

[13] 宁辉，廖国洪. 肉制品的调香调味设计 [J]. 肉类研究，2000（4）：33-34.

[14] 毛羽扬. 复合型调味料的形成和发展 [J]. 中国调味品，2003，8（8）：3-5.

[15] 吕忠庆，庄伟年. 烧烤调味料的研制思路 [J]. 中国调味，2011，36（11）：69-71.

[16] 王盼盼. 调香设计 [J]. 肉类研究，2009（8）：12.

[17] 徐清萍. 复合调味料生产技术 [M]. 北京：化学工业出版社，2008.

[18] 邵万宽. 烹调工艺学 [M]. 北京：旅游教育出版社，2013.

[19] 于新，吴少辉，叶伟娟. 天然食用调味品加工与应用 [M]. 北京：化学工业出版社，2011.

[20] 曾洁，邹建. 谷类休闲小食品 [M]. 北京：化学工业出版社，2012.

[21] 曾洁，徐亚平. 薯类食品生产工艺与配方 [M]. 北京：中国轻工业出版社，2012.

[22] 杜连启，朱凤妹. 小杂粮食品加工技术 [M]. 北京：金盾出版社，2009.

[23] 邢亚静. 小杂粮营养价值与综合利用 [M]. 北京：中国农业科学技术出版社，2009.

[24] 张鹏. 杂粮食品加工技术 [M]. 北京：中国社会出版社，2006.

[25] 李书国. 新型糖果加工工艺与配方 [M]. 北京：科技文献出版社，2002.

[26] 张美莉. 杂粮食品加工 [M]. 北京：中国农业科学技术出版社，2006.

[27] 刘静波. 粮食制品加工技术 [M]. 长春：吉林科学技术出版社，2007.

[28] 章银良. 休闲食品加工技术与配方 [M]. 北京：中国纺织出版社，2011.

[29] 冯涛，刘晓艳. 食品调味原理与应用 [M]. 北京：化学工业出版社，2012.